費曼物理學講義 I
力學、輻射與熱
2 力學

The Feynman Lectures on Physics
The New Millennium Edition
Volume 1

By Richard P. Feynman,
Robert B. Leighton, Matthew Sands

師明睿　譯
高涌泉　審訂

The Feynman

費曼物理學講義　I
力學、輻射與熱

2 力學

目錄

中文版前言　　　　　◆ 高涌泉　　　　　　　　12

第8章

運動　　　　　　　　　　15

8-1	運動的描述	16
8-2	速率	21
8-3	速率可視爲導數	27
8-4	距離可視爲積分	30
8-5	加速度	32

第9章

牛頓動力學定律　　　39

9-1	動量與力	40
9-2	速率與速度	43
9-3	速度、加速度以及力的分量	44

9-4 力是什麼？   47

9-5 動力學方程式的意義   49

9-6 動力學方程式的數值解   50

9-7 行星運動   55

第10章

動量守恆 63

10-1 牛頓第三定律   64

10-2 動量守恆   67

10-3 動量是守恆的！   72

10-4 動量與能量   81

10-5 相對論動量   84

第11章

向量　　87

11-1	物理學中的對稱	88
11-2	平移	89
11-3	旋轉	92
11-4	向量	97
11-5	向量代數	100
11-6	牛頓定律用向量表示	104
11-7	向量的純量積	107

第12章

力的特性　　113

12-1	力是什麼？	114
12-2	摩擦力	119
12-3	分子力	125
12-4	基本力與場	128
12-5	假想力	136
12-6	核力	140

第13章

功與位能　　143

13-1　落體的能量　　144

13-2　重力所做的功　　150

13-3　能量的總和　　157

13-4　大物體的重力場　　160

第14章

功與位能（結論）　　167

14-1　功　　168

14-2　受約束運動　　172

14-3　保守力　　173

14-4　非保守力　　180

14-5　位勢與場　　182

第15章 | 狹義相對論 191

15-1	相對性原理	192
15-2	勞侖茲變換	196
15-3	邁克生－毛立實驗	198
15-4	時間的變換	203
15-5	勞侖茲收縮	208
15-6	同時性	209
15-7	四維向量	210
15-8	相對論性動力學	211
15-9	質能等效	214

第16章 | 相對論性能量與動量 219

16-1	相對論與哲學家們	220
16-2	孿生子弔詭	225
16-3	速度的變換	226
16-4	相對論性質量	232
16-5	相對論性能量	238

第17章

時空 243

17-1　時空幾何學　　　　　　　244

17-2　時空間隔　　　　　　　　248

17-3　過去、現在、未來　　　　251

17-4　再談談四維向量　　　　　254

17-5　四維向量代數　　　　　　260

The Feynman

費曼物理學講義 I
力學、輻射與熱

1　基本觀念

關於理查・費曼

修訂版序　費曼最寶貴的遺產

紀念版專序　最偉大的教師

費曼序

前言

第 1 章　運動中的原子

第 2 章　基本物理學

第 3 章　物理學與其他科學的關係

第 4 章　能量守恆

第 5 章　時間與距離

第 6 章　機率

第 7 章　重力理論

2　力學

中文版前言

第 8 章　運動

第 9 章　牛頓動力學定律

第10章　動量守恆

第11章　向量

第12章　力的特性

第13章　功與位能

第14章　功與位能（結論）

第15章　狹義相對論

第16章　相對論性能量與動量

第17章　時空

3 旋轉與振盪

第18章　二維旋轉

第19章　質心與轉動慣量

第20章　空間中的轉動

第21章　諧振子

第22章　代數

第23章　共振

第24章　過渡現象

第25章　線性系統及複習

4 光學與輻射

第26章　光學：最短時間原理

第27章　幾何光學

第28章　電磁輻射

第29章　干涉

第30章　繞射

第31章　折射率的來源

第32章　輻射阻尼與光散射

第33章　偏振

第34章　輻射的相對論效應

第35章　彩色視覺

第36章　視覺的機制

5 熱與統計力學

第37章 量子行為

第38章 波動觀與粒子觀的關係

第39章 氣體運動論

第40章 統計力學原理

第41章 布朗運動

第42章 分子運動論的應用

第43章 擴散

第44章 熱力學定律

第45章 熱力學闡述

第46章 棘輪與卡爪

6 波

第47章 聲音與波動方程式

第48章 拍

第49章 模態

第50章 諧波

第51章 波

第52章 物理定律中的對稱

中英、英中對照索引

第 I 卷
中文版前言

高涌泉

　　費曼爲什麼願意在他年富力強之際，花上兩年寶貴的時間，向大一、大二生解說基礎物理學？

　　根據《費曼物理學講義》作者之一山德士教授的回憶，當他首先向費曼提議由費自己一人包辦基礎物理課的所有演講時，費曼一開始有些猶豫，但還是對於課程內容提了許多意見，顯然是對於這項提議有些興趣。不過讓費曼點頭答應的關鍵，在於他後來問了山德士：「有無任何偉大的物理學家曾對大一新生講過課？」山德士答說就他所知沒有，費曼馬上說：「那我來」。顯見費曼是以「偉大物理學家」的標準來看待自己的授課，也很清楚他正在立下典範。

　　所以，他必然對於我們手上這本《費曼物理學講義》的內容與順序，用上了非常大的工夫，因此我們當然不能只將這套講義看待成是一般的大一大二物理課本而已。事實上，這套書出版之後，物理界馬上認知到它會成爲流傳千古的經典。費曼自己也說，後世恐怕會認定這套書是他對物理最大的貢獻。費曼之所以成爲眾多學子心目中的英雄，《費曼物理學講義》是主要原因。

　　費曼在其序言中說：「整件事基本上是一場試驗，……但我自己覺得，就物理而言，第一年的課程令人相當滿意。第二年則不是

很令我滿意。」他有這種看法的原因是「第二年課程一開始，輪到討論電與磁，我實在想不出來，有什麼能夠不跟往常雷同，卻又比較有趣的講解方式。」言下之意，費曼認為他在第一年介紹力學、輻射、熱等主題的方式，和尋常的方式相比，不僅更有新意，而且更為有趣。其實費曼解說電磁現象的方式也是相當具有創意的，這一點以後有機會我再來說明。

《費曼物理學講義》第 I 卷的內容就是令費曼滿意的第一年課程。他有什麼創新呢？就力學而言，傳統的順序是運動學、靜力學、動力學定律、能量動量守恆、旋轉、剛體運動、萬有引力等等。但是費曼卻從能量守恆下手，然後介紹時間與距離的測量以及機率，緊接著就談起行星運動定律與萬有引力，接下來才解說牛頓動力學定律。而且費曼在說明旋轉、力矩、振盪之前，就已經解說過了狹義相對論。

這種不落俗套的方式行得通嗎？從各方的評論看來，顯然行家認為這樣的安排頗有道理。我以為費曼從大處（重要觀念）著手的觀點，非常適合用於通識性物理課程。

本書有一些章節，裡頭沒有太多的數學推導，主要是在仔細釐清一些可能連老師都可能會感到疑惑的問題。例如，費曼在第 12 章自問自答一個問題：牛頓運動定律 $F = ma$ 可不可以看成是定義力的方程式？又例如，費曼在第 16 章問：相對論僅是在說一切的事情都取決於觀測者的座標嗎？這些對於基本觀念的深刻討論在別處是尋不到的，這也正是讓《費曼物理學講義》歷久彌新的重要理由。

又例如，費曼在第 I 卷中對於熱力學第二定律以及熵的討論也是頗有新意，連當今研究「時間的方向何來」這個問題的專家也得將四十多年前費曼的討論當成標準的參考文獻來引用。

　　總之，《費曼物理學講義》第 I 卷裡頭處處可見寶貝，讀者可以反覆咀嚼的地方很多。儘管書中談論的全是最基本的物理知識，我相信有心人自可從中體會到物理之美。

2007 年 2 月

第 8 章

運 動

■

8-1　運動的描述

8-2　速率

8-3　速率可視爲導數

8-4　距離可視爲積分

8-5　加速度

8-1　運動的描述

隨著時間的流逝，物體會發生各種不同的變化，爲了找出掌控這些變化的定律，我們必須能夠**描述**這些變化，並且記錄下來。物體可供觀測的最簡單變化，是它隨著時間變換位置，這種變化我們稱爲運動。現在讓我們考慮某件固體，上面有一個供觀測的永久標誌，稱之爲「點」。我們要討論這個小標誌如何運動，不只描述它在動的事實，也描述它怎麼個動法。這個小標誌可能是汽車水箱的蓋子，也可能是正在下落的一個球體中心。

雖然這些例子聽起來無足輕重，但是要描述變化牽涉很多微妙細節，某些變化的描述要比描述固體上某一點的運動困難得多。例如空中正在快速凝結跟蒸發、但飄動得非常慢的浮雲，或是女子心情的變化。我們還沒有分析心情變化的簡單方法，不過由於雲朵可由許多分子來代表或描述，也許原則上我們可以描述裡面每一個分子的運動，用來描述該雲朵的整體運動行徑。同樣的，也許人的心情改變時，在腦子裡面也有類似的原子變化正在發生。不過我們目前還沒有這方面的知識。

總而言之，以上說明了我們爲什麼從點的運動講起。說到點，也許我們應該把它們想成原子，不過我們一開始不用那麼計較，姑且把它們想成某種小的物體，只要物體跟它移動的距離比較起來，夠小就可以了。譬如談到有部汽車跑了 100 英里，咱們就犯不著去區分是車頭還是車尾。當然這兩者之間會有些許差別，但是我們只需要說「這部車」如何如何。

同理，我們不必斤斤計較，所說的點不是什麼絕對的點，我們暫時還不需要極端精確。初看這個主題時，我們得把三維空間的現

實世界暫時忘掉，只需要把注意力集中在一維方向的移動上。等我
們把一維空間運動的描述搞通之後，再回到三維空間也不遲。你或
許會說：「這只不過是枝微末節嘛！」其實一點也沒說錯。

　　那麼我們要如何描述這種一維空間的運動，諸如跑在筆直公路
上的一部汽車呢？再簡單不過了！有許多可行的辦法，以下是其中
之一：為了決定那部車在不同時刻的位置，我們按時測量它在各時
刻離起點有多遠，並記錄下所有的觀測結果。

　　表 8-1 中，s 代表該汽車當時到起點的距離（以英尺為單
位），而 t 則代表時間（以分鐘為單位）。表中第一列是兩個 0，表
示零時間跟零距離——車子還沒開動。1 分鐘後，車子不但啟動，
還走了 1,200 英尺。再過 1 分鐘後，它走得更遠，我們注意到，車
子在第 2 分鐘內所走過的距離，比第 1 分鐘內走的要長了一些——
所以這期間，車子曾經加速。但是在 3、4、甚至到了 5 分鐘，顯
然有狀況，可能是遇到了紅燈而停車吧？然後又重新開始加速，6
分鐘過完時，它離起點已有 13,000 英尺；7 分鐘到底時，它累積
下了 18,000 英尺；而在 8 分鐘內一共跑了 23,500 英尺；然而在 9

表 8-1

t（分鐘）	s（英尺）
0	0
1	1200
2	4000
3	9000
4	9500
5	9600
6	13000
7	18000
8	23500
9	24000

分鐘內，車子卻只到達 24,000 英尺而已。原來，車子給警察攔了下來！

　　以上是描述運動的一種方法。另一種方法是作圖表示，如果我們把時間當作橫座標軸，而把距離做為縱座標軸，就可以得到如圖 8-1 中所示的曲線。隨著時間的消逝，車子的距離或多或少在增加，開始的時候增加得非常慢，接著變得比較快些。4 分鐘左右時，距離的增加非常慢，之後又開始變快達數分鐘之久。最後到 9 分鐘時，距離似乎不再增加。以上所說的各項觀測結果，我們從圖中曲線一眼可以看得出來，用不著回頭去參考數據表 8-1。

　　很顯然，若想知道這趟車程完整的細節，我們也必須知道車子每半分鐘的確切位置。然而我們也認定，這個圖有其意義，即分鐘到分鐘之間任何時刻，車子必在某個位置。

　　汽車的運動相當複雜。我們再舉一個例子，有個物體以比較單純的方式運動，它遵照比較簡單的定律，那就是一個**下落的球**。表

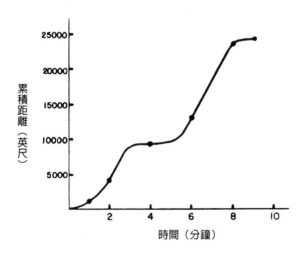

圖 8-1　汽車的距離按時間作圖

表 8-2

t（秒）	s（英尺）
0	0
1	16
2	64
3	144
4	256
5	400
6	576

8-2 是一個落體的下落距離（以英尺爲單位）跟時間（以秒爲單位）之間的關係。

在零秒，球從 0 英尺處開始下落，1 秒過後，球下落了 16 英尺；過了 2 秒之後，球一共下落了 64 英尺；3 秒過完，球總共下落了 144 英尺；如是等等。如果我們用這些數據作圖，得到如圖 8-2 的漂亮拋物曲線。

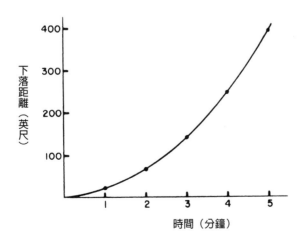

圖 8-2　落體的距離對時間作圖

此曲線的公式可以寫成

$$s = 16t^2 \qquad (8.1)$$

用這個公式我們可以計算出球在任何時間點的下落距離。

你也許會問，前面那個圖 8-1 是否也有相對應的公式？事實上，我們是可以象徵性的把公式寫成

$$s = f(t) \qquad (8.2)$$

意思是說：s 是某個數量，依賴 t 來決定，以數學術語來說，s 是 t 的函數。因為我們不知道這個函數究竟是啥，就無法寫成明確的代數形式。

以上我們看了兩個運動的例子，以非常簡單的觀念描述，沒有微妙複雜的內容。其實，這裡面**的確**有微妙的地方，而且還不只一件。首先我們得問，**時間**跟**空間**究竟是指什麼？事實上這類深奧哲學問題，物理學必須非常小心去分析，而且非常不容易。相對論告訴我們，時空的觀念沒有乍看之下那麼簡單。

不過針對眼前的目的，以現階段所需的準確性，我們尚不需要刻意把一切事物定義得太精確。也許你會說：「不會吧！人家告訴我，在科學範疇內，我們必須把**每樣事物**都定義得很精確。」事實上我們根本無法把**任何事物**定義得很精確，如果一定要試，我們很可能像哲學家一般，陷入思想困境：他們面對面坐著，一個人首先向對手發難：「你根本不知道自己在說些什麼！」對方回答：「你所說的『**知道**』是啥意思？『**說**』又是啥意思？甚至『**你**』是指誰呢？」如此你來我往……

為著能談得下去，我們雙方必須有共識，大約是談同一件事情就成。譬如，你所知道的時間觀念，足夠應付現在討論所需即可，

不過你得記住，其中有些微妙的**觀念**，我們以後會加以討論。

另一個微妙之處其實已經提到過，就是要能夠想像，我們在觀測的那個運動點，一定會在空間某個位置。（當然，我們看著那一點的時候，它的確在那兒，然而有可能我們把視線移開時，它就不在了。）其實，原子運動裡，這個觀念也不成立——我們無法在原子上設立一個標誌用來觀測其行蹤。這個微妙之處我們必須用量子力學來處理。

但是我們要先探討到底問題在哪裡，再來談複雜觀念，**唯有這樣**我們才會更懂得如何利用這領域的晚近發現來作修正。因此針對時間和空間，我們將採用簡單的觀點。我們大致都知道這些觀念是什麼，而且開過車的人都知道速率是什麼。

8-2　速　率

雖然我們都大致知道「速率」的意義，但是裡面的確有某些深奧微妙之處；也難怪即使是有學問的古希臘人碰到速度的問題也都講不清楚。試圖去瞭解「速率」究竟是什麼，微妙之處就浮現出來。古希臘人怎樣也弄不懂，直到古代的希臘人、阿拉伯人、以及巴比倫人所擅長的幾何跟代數之後，一門嶄新的數學（微積分）出現才得以解決。

為了說明其中的困難，試試看只用代數來解決下述問題：我們以每秒增加 100 cm^3 的速率給氣球充氣，當氣球的**體積**達到 1,000 cm^3 時，它的半徑增加速率是多少？這類問題古希臘人搞不清楚，彼此間也是問道於盲。

古希臘哲學家季諾（Zeno，約西元前 490-430）舉出許多似是而非的悖論，來說明當時的人要探討速率有多困難。我們舉其中一例

來看季諾講的，研究速率有什麼明顯困難。其中之一跟他那個時代人們對運動的看法有關。他說：「聽聽下面這個論證，阿契里斯（Achilles，荷馬史詩中的希臘英雄）跑起來比大海龜快 10 倍，但是他永遠抓不到這海龜。為什麼？假設阿契里斯跟大海龜賽跑，開始的時候，大海龜在阿契里斯前方 100 公尺。當阿契里斯跑了 100 公尺，來到大海龜原先的位置時，大海龜也跑了 100 公尺的 10 分之一，也就是到阿契里斯前方 10 公尺。這時候阿契里斯還得再跑 10 公尺，才能趕上大海龜，但是等他跑完那 10 公尺時，大海龜又已經到了他前方 1 公尺的地方！等他再跑完那 1 公尺時，大海龜仍領先 10 公分……如是不斷，**沒完沒了**。總結來說，無論何時，大海龜總是領先阿契里斯，阿契里斯永遠趕不上大海龜。」

這個論證究竟錯在何處呢？毛病是在有限的時間可以切割成無數多份，就好像一段細繩，可以重複除以 2，分成無限多段。剛才論證中雖然阿契里斯要追上大海龜，得經過無數多個步驟，但不代表**時間**總是無限長。從這個例子我們可以看出，討論速率的確有其微妙之處。

為了釐清這種微妙之處，我說一個笑話，你一定聽過。一位女士開快車被警察攔了下來，警察跟她說：「小姐，你剛才的速率是一小時 60 英里耶！」她回答：「那怎麼可能！警察先生，我才跑了七分鐘而已。太荒謬啦——我還沒開到一小時的車，怎麼可能會一小時跑了 60 英里呢？」

如果你是那位警察，當然不用傷腦筋。簡單得很，你跟她說：「去向法官申訴好啦！」但是假設我們沒有這條後路，而且要老實用腦力來向這位女士解釋，一小時 60 英里究竟**是啥意思**。我們說：「小姐，我們的意思是這樣：如果你維持剛才那樣開車，一個小時後，你就會跑完 60 英里。」她會說：「剛才我腳已經放開油

門，車子已經逐漸慢下來。如果我維持那樣子跑不到 60 英里……」

　　或者，想像有顆球落下，持續那樣運動，我們想知道在第三秒末的速率如何。那是指什麼——持續**加速**，愈來愈快？不是——是要維持原來的**速度**。這不就是我們要界定的嗎？因為如果球要持續那樣運動，它就會持續那樣運動。我們需要把速度界定清楚，到底是什麼量要維持不變？那位女士可以如此爭辯：「如果我照剛剛那樣持續再開一個小時，就撞在街尾那堵牆上啦！」要表明我們的意思還真不簡單呢！

　　許多物理學家認為，定義任何事物唯有靠測量。那麼顯然我們應該用量度速率的儀器——速度計（speedometer），對那位女士解釋：「小姐，你車上速度計指著 60 。」於是她又說話了：「我的速度計壞掉了，指針一直指著 0 。」但指著 0，是否就意味車子停著不動呢？

　　我們製造出速度計之前，一定是認定有某個量可以測量。唯其如此，我們說：「看來這個速度計不準確！」或「這個速度計壞掉了！」才有意義。如果速率沒有自己的意義，要完全仰賴速度計的讀數，這些句子就沒意義了。在我們心目中，速率的觀念顯然不必仰賴速度計來界定，我們只是利用速度計來量計這個觀念。

　　所以我們看看，是否能夠替這個觀念找出更好的定義來。啊哈！有了。於是我們說：「不錯，要是你一直那麼開下去，當然在開到一小時之前，會撞上那堵牆。不過實際上你不需要開到一小時，你只要再開上一秒鐘，就會前進 88 英尺。所以小姐，你剛才的車速是每秒 88 英尺。如果你繼續以同樣的走法，在下一秒鐘，會再前進 88 英尺。那堵牆還遠得很！」她的回答是：「沒錯，但是法律沒有規定，不允許車子每秒鐘跑 88 英尺呀！法律只說不許一小時 60 英里。」我們回答：「但是它們是同樣的呀！」如果**是**

同樣的話，就沒必要去繞圈子把每秒 88 英尺搬出來。事實上，下落的球不會以相同速率持續下落。即使只再多一秒，球的速率就變了，我們必須想辦法定義速率。

上面這些討論，似乎把我們領到了正確的方向，這麼看吧：如果那位女士再繼續走 1/1000 小時，那麼她就會前進 60 英里的 1/1000。換句話說，她不用繼續走整整一小時；她只需要**在一小段時間內**，繼續保持同樣車速就可以了。就是說，只要她再多開一丁點時間，那麼多走的距離，就會跟另一部以每小時 60 英里的**平穩**速率在跑的車子，並駕齊驅。也許前述「每秒 88 英尺」的觀念也不賴，因為如果我們量度上一秒鐘裡她開了多遠，然後把量得的距離除以 88 英尺，如果得到的是 1，她的車速就是每小時 60 英里。

換言之，我們可以用下面這個方式求得速率：那就是問，在非常短的時間內，走了多遠的距離。然後拿那個距離除以時間，得到的商就是速率了。但是這個時間長度盡可能要短，愈短愈好，因為在那段時間內可能會發生變化。以下落的球為例，沒有人會用它一小時內下落的距離去計算速率，因為太荒謬了。如果拿車子一秒鐘裡所跑的距離去計算速率，結果就相當不錯，速率在一秒鐘之內變化也不會很大。但同樣的一秒鐘，自由落體的速度變化就大了。

所以為了得到更精確的速率，我們的時間間隔必須要愈取愈短，何不取物體在一百萬分之一秒內所走的距離，除以一百萬分之一秒，得到的是每秒若干距離，就是我們所說的速率。這足以說服那位開快車的女士，而且咱們接下來就用它做為速率的定義。

這個定義牽涉到一個新觀念，古希臘人從沒有想到過。取一段**無限小的距離**（infinitesimal distance）跟相對應的一段**無限短的時間**（infinitesimal time）相比，並且觀測這個比率如何隨著所取的時間變短而發生變化。換句話說，即是取一段有限距離，除以該行程所用

的時間,而在時間愈變愈短,成為無窮小時(**趨近於零**)得到的商,看它的極限是多少。

這個觀念分別由牛頓(Isaac Newton, 1642-1727)和萊布尼茲(Gottfried W. Leibnitz, 1646-1716)發明,稱為**微分學**,從此開啟了數學的新分支——微積分。發明微積分的目的就在描述運動,最早的應用題目就是要定義「一小時走 60 英里」是啥意思。

讓我們來把速率定義得更好一點。假設在很短的時間ε內,一部車或其他物體移動了一小段距離 x,它的速率 v 就定義為

$$v = x/\epsilon$$

v 是近似值,隨著ε愈取愈小,v 會愈接近真實速率。我們把這項觀念用數學式子表示出來就成了

$$v = \lim_{\epsilon \to 0} \frac{x}{\epsilon} \tag{8.3}$$

不過,我們無法把這個理論用到那位女士身上,原因是數據不夠完整。我們只知道她在第幾分鐘時的確切位置。我們大概知道在第 7 分鐘內,她的平均速率是 5,000 英尺／分鐘,但我們並不清楚她在剛好 7 分鐘那一瞬間是否在加速,因為我們並沒有整個過程中的詳細資訊。也許在第 6 分鐘開始時,她的速率是 4,900 英尺／分鐘,而現在成了 5,100 英尺／分鐘,可能的情況不一而足。只有當這個數據表填滿無窮多組的數據時,我們才能真的計算出速率來。另一方面,如果我們有完整的數學公式代表某個運動,如同前述的自由落體的(8.1)式,我們可以「計算」出任何時間的物體位置,所以我們可以計算出任何時間點的速率。

讓我們試舉一個例子,決定球自由下落過 5 秒鐘後的速度。一

個方法是從表 8-2 裡找出來，它在第 5 秒裡面做了些什麼，在這一秒裡，它降落了 400 – 256 = 144 英尺，那麼它的速率就是 144 英尺／秒嗎？錯。因為球的下落速率一直在變，144 英尺／秒只是它在第 5 秒裡的**平均速率**而已，而由於球的下落速率愈來愈快，所以第 5 秒鐘結束時的速率，顯然要比這個平均速率快一些，我們要的是**確實的速率**。

我們的方法如下：我們已經知道 5 秒鐘時球的位置，那麼再過 0.1 秒之後，球會到達什麼位置呢？我們可以從(8.1)式計算出來，在 5.1 秒時，球總共下落了 $16(5.1)^2 = 416.16$ 英尺。由於在 5 秒時，球已下落了 400 英尺，所以在最後 0.1 秒鐘內，球降落了 16.16 英尺，平均速率即是把 16.16 英尺除以 0.1 秒，得到 161.6 英尺／秒。這是大概的速率，但跟正確值仍然有些差別，到底它是什麼時間點的速率，5 秒、5.1 秒，還是 5.05 秒？我們要的是在**剛好 5 秒**那瞬間的速率。為了得到更好、更接近的答案，我們下一步只取千分之一秒，計算看看在 5.001 秒時，球的下落距離是多少：

$$s = 16(5.001)^2 = 16(25.010001) = 400.160016 \text{ 英尺}$$

在最後的 0.001 秒內，球下落了 0.160016 英尺。我們把這距離除以 0.001 秒，得到的速率為 160.016 英尺／秒。更接近我們想要求得的值，非常接近，但**仍然不是正確值**。

到這裡應該看出了一些端倪，必須怎樣做才能得到正確值。為了讓數學好運算，我們且把題目稍微改得更為抽象一些：我們想要知道，任何一個特定時刻 t_0 的球速率 v，原來題目裡把 t_0 定成了 5 秒。那麼在 t_0 時，球離起點的距離為 $16t_0^2$，我們稱為 s_0，原來的問題裡，$s_0 = 400$ 英尺。為求出正確速率值，我們問道：「在時刻 t_0 後加上了一丁點時間，亦即是在 $t_0 + \epsilon$ 時，球的位置會在哪兒？」

依照(8.1)式，新的位置為 $16(t_0 + \epsilon)^2 = 16t_0^2 + 32t_0\epsilon + 16\epsilon^2$。這位置比原來的遠了一點，原來的位置是 $16t_0^2$。我們可以把這距離寫成 $s_0 + x$，而 x 就是在那一丁點時間 ϵ 裡面，球又繼續降落了的一丁點距離，亦即新位置跟 s_0，也就是 $16t_0^2$ 之間的差別，因此 $x = 16(t_0 + \epsilon)^2 - 16t_0^2 = 32t_0 \cdot \epsilon + 16\epsilon^2$。於是得到速率的第一階近似值為

$$v = \frac{x}{\epsilon} = 32t_0 + 16\epsilon \tag{8.4}$$

前面說過，一旦 ϵ 小到無窮小或趨近於 0 時，這個 x/ϵ 比率不再是近似值，而變成了球在某個時刻的正確速率。上式在 ϵ 趨近於 0 時，簡化成了

$$v\,(\,\text{在時間}\ t_0\,) = 32t_0$$

在原來的問題裡，$t_0 = 5$ 秒，所以正確答案就是 $v = 32 \times 5 = 160$ 英尺／秒。前面我們曾經把 ϵ 分別當作 0.1 跟 0.001 時，得到兩個 v 的近似值都比這個值稍稍大了些，現在我們瞭解，原來正確答案恰好是 160 英尺／秒。

8-3 速率可視為導數

剛才我們計算速率的步驟，在數學中經常用到。為了方便起見，用特殊的記號來代表上述的兩個量 ϵ 與 x，那就是以 Δt 取代 ϵ，以 Δs 取代 x。

這個 Δt 的意思就是「多出來的一丁點 t」，並且意味你要它多小，它就有多小。其中的 Δ 不是一個乘數，所以 Δt 不是指 $\Delta \times t$ 的乘積，就像三角函數的 $\sin\theta$ 不等於 $s \times i \times n \times \theta$，$\Delta$ 是用來定義時間的增量，提醒我們它有特別的性質。同理 Δs 也就是距離的

增量。由於 Δ 不是因數，因而 Δs/Δt 不能簡化成為 s/t，這就好像 sin θ/sin 2θ 不能用消去法簡化為 1/2 一樣。採用了這套記號之後，在 Δt 趨近於 0 時，速率等於 Δs/Δt 的極限值，即

$$v = \lim_{\Delta t \to 0} \frac{\Delta s}{\Delta t} \tag{8.5}$$

這個式子實際上跟前述用 ϵ 與 x 表示的(8.3)式相同，不過這個式子有個優點，它明白的表示 Δt 在變，　Δs 也隨著變，兩者相除的商也在變動。

順便一提，我們另外還有一個精確度還算不錯的定律，那就是一個運動點所移動的距離，等於該點的速率乘以時間間隔，以數學式子表示就是 Δs = v Δt。不過這個等式要成立，必須這段時間間隔之內，速率保持一定。這個條件成立的唯一狀況，則是 Δt 趨近於 0。

物理學家喜歡把上式寫成 $ds = v\ dt$，因為 dt 表示極小的 Δt。有這樣的認定，時間間隔極小，速率幾乎不變，式子的精確度就夠高。同理，如果 dt 小到趨近於零，$ds = v\ dt$ 就能完全成立，不再是近似關係。我們可以用這套記號把(8.5)式改寫為

$$v = \lim_{\Delta t \to 0} \frac{\Delta s}{\Delta t} = \frac{ds}{dt}$$

上面這個 ds/dt 叫做「s 對 t 的導數」（這個說法可幫助讀者瞭解，是 s 在隨著 t 變化），而求其值的複雜運算過程則稱為求導數，也叫作微分，又 ds 跟 dt 單獨出現時，稱為**微分量**（differential）。為了讓你熟悉一下這幾個有關術語的用法，我們說，剛才已經求得了函數 $16t^2$ 的導數（也就是 $16t^2$ 對 t 的導數）為 $32t$。

一旦熟悉這些字眼，觀念就容易瞭解了。我們求另一個比較複雜的函數的導數。我們看的公式是 $s = At^3 + Bt + C$，可描述某一點

的運動，式子中的 A 、 B 、跟 C 都是常數，是二次方程式常見的一般形式。

我們想從這條運動公式出發，求出在任何時刻的速率。我們用 $t + \Delta t$ 取代 t，然後注意到 s 隨著變成了 $s + \Delta s$；接著用 Δt 表示 Δs，

$$s + \Delta s = A(t + \Delta t)^3 + B(t + \Delta t) + C$$
$$= At^3 + Bt + C + 3At^2 \Delta t + B \Delta t + 3At(\Delta t)^2 + A(\Delta t)^3$$

但是因為

$$s = At^3 + Bt + C$$

我們得到

$$\Delta s = 3At^2 \Delta t + B \Delta t + 3At(\Delta t)^2 + A(\Delta t)^3$$

但 Δs 不是我們所要的，我們要的是 $\Delta s/\Delta t$。所以我們把上式除以 Δt 即可得

$$\frac{\Delta s}{\Delta t} = 3At^2 + B + 3At(\Delta t) + A(\Delta t)^2$$

當 Δt 趨近於 0 時，$\Delta s/\Delta t$ 的極限就是 ds/dt，等於

$$\frac{ds}{dt} = 3At^2 + B$$

這就是微積分的基本程序：把函數微分。其實比看起來更簡單，因為展開式中任何一項帶有 Δt 的平方、立方、或更高冪次者，在取極限時，它們一概都變成了 0，所以在寫展開式時，根本沒有必要把它們列舉出來。

多練習幾次，微分函數的程序會變得愈來愈容易，因為經驗會告訴我們，哪些項可以忽略。不同型式的函數取微分有許多法則或

公式，可以硬背下來，也可以查表。我們在此附了一個簡短的導數表（見表 8-3）。

表 8-3 導數簡表

s、u、v、w 為 t 的任意函數；a、b、c、n 則為任意常數

函　數	導　數
$s = t^n$	$\dfrac{ds}{dt} = nt^{n-1}$
$s = cu$	$\dfrac{ds}{dt} = c\,\dfrac{du}{dt}$
$s = u + v + w + \cdots$	$\dfrac{ds}{dt} = \dfrac{du}{dt} + \dfrac{dv}{dt} + \dfrac{dw}{dt} + \cdots$
$s = c$	$\dfrac{ds}{dt} = 0$
$s = u^a v^b w^c \ldots$	$\dfrac{ds}{dt} = s\left(\dfrac{a}{u}\,\dfrac{du}{dt} + \dfrac{b}{v}\,\dfrac{dv}{dt} + \dfrac{c}{w}\,\dfrac{dw}{dt} + \cdots\right)$

8-4 距離可視為積分

現在我們必須討論反過來的問題。假設我們記錄的不是距離，而是從零開始，不同時刻的速率。表 8-4 顯示下落球體的速率跟時間的關係。

表 8-4 下落球體的速率

t（秒）	v（英尺／秒）
0	0
1	32
2	64
3	96
4	128

　　行進間的汽車，類似的速率表也可以很容易取得，我們只需每分鐘或每半分鐘一次，把速度計的讀數記錄下來就行了。我們現在知道車子在任何時刻的速率，是否能算出車子跑了多遠？這是剛剛那個題目的反面，給了速率叫我們求距離。

　　如果車速不是固定的，駕車的女士以每小時 60 英里跑了一下子，就慢了下來，然後又一會兒加速、一會兒減速等等，我們能如何決定她的車子跑了多遠呢？其實很容易，我們可以應用同樣的觀念，把距離當作許多極短的小段落來看待。比方說：「在第一秒鐘裡面，她的速率是若干，根據公式 $\Delta s = v\,\Delta t$，我們可以計算出第一秒裡面，她以該速率走了多遠。」然後在第二秒鐘裡面，她的速率幾乎沒變，但稍有不同，於是我們可用這個新的速率乘上時間，計算出她在第二秒裡面所走的距離。以同樣的方式，逐秒計算她在每秒裡面所走過的距離，一直到算完整個旅程為止。

　　我們得到了許多小段的距離，而全程就是把它們加起來的總和。也就是說，總距離等於各時間段落內，速率乘以時間的總和，寫成數學式子就是 $s = \Sigma v\,\Delta t$。式子中的希臘字母 Σ（唸作 sigma）表示加總。更精確的說，每一小段時間 Δt，分別乘上第 i 段時間的速率 $v(t_i)$，然後全部加起來的和就是總距離：

$$s = \sum_i v(t_i)\,\Delta t \tag{8.6}$$

時間的法則是 $t_{i+1} = t_i + \Delta t$。由於 Δt 這段時間中仍會有少量的速率變化，這樣計算出來的距離 s 只是近似值而不是正確答案。隨著 Δt 的長度縮短，這近似值的精確度增進，最後正確的 s 就是

$$s = \lim_{\Delta t \to 0} \sum_i v(t_i)\,\Delta t \tag{8.7}$$

　　就像替微分數創造符號一樣，數學家特地發明了一個符號來表

達這個極限觀念，上式中的 Δ 變成了 d，來強調那一小段時間是非常非常的小，而在 t 時間的速率為 v，加總的符號用巨大的「s」表示，也就是 ∫（從拉丁文 *summa* 演變來的）。它給拉扯得失去原來的形狀，如今只叫做積分符號。於是上式可改寫成

$$s = \int v(t)\,dt \qquad\qquad (8.8)$$

把所有這些「項」加起來的程序，叫做積分（integration），而積分正好是微分的逆向程序。我們微分上面這個積分式子，所得到的導數即為原函數 v，算子 d 可以抵銷另一個算子 ∫。至於各種積分的公式，則只是把前述的微分公式前後顛倒過來而已，因此我們只要把函數微分，就可以得到積分表。

　　每一個函數都可以用微分分析，也就是經過代數運算而得到另一個明確的函數為其導數。然而積分可沒有這麼簡單，不是用分析方法就隨意就可以寫出任何函數的積分來。在無法得到積分結果時，我們可以分段求出各小段 Δs 的長度，再全部加總，得到一個近似值答案。我們可以把 Δt 再縮小一些，重複同樣的求和程序，即可得到另一個更近似的近似值。一般說來，雖然求函數積分有許多巧妙的分析方法，但是並不保證我們一定能得到答案，有時候答案根本就不存在，這兒所謂不存在是指無法用已知的函數形式表示出來。

8-5　加速度

　　為了導出運動方程式，談完速度之後，要講的是速度的**變化**。首先我們要問：「速度究竟如何**變化**？」本書頭幾章中曾經討論過一些案例，談到由各種力造成速度的改變。有人一聽到某某汽車只

需要十秒鐘，就能從靜止狀態加速到每小時 60 英里的速度，就會覺得興奮得不得了。從這類汽車性能報導中，我們可以看出速度變化之快，但它只是一個平均數字。

我們現在要討論的複雜度更高一級，是要問速度變化有多快。換言之，就是問一秒鐘內，速度增加或減少每秒多少英尺，也就是說每秒有每秒若干英尺的變化？前面我們已導出了自由落體的速度公式為 $v = 32t$，表 8-4 是它的速度表，而現在我們想要知道，這個落體的速度每秒鐘內究竟有多大的變化，這個量我們稱為加速度（acceleration）。

加速度的定義就是速度隨著時間改變的變化率，從之前的討論，我們已經知道加速度可以寫成 dv/dt，也就是 v 對時間的導數，其間的關係就跟速度 v 是距離 s 對時間的導數一樣。如果我們現在微分 $v = 32t$，得到的就是落體的加速度 a：

$$a = \frac{dv}{dt} = 32 \qquad (8.9)$$

〔為了把 $32t$ 這一項微分，我們可以參考前面的微分例題的結果，其中有一項是 Bt，它的導數是 B（常數）。因此我們可以讓 $B = 32$，馬上求得 $32t$ 的導數為 32 了。〕這個結果告訴我們，自由落體的速度變化一直都是每秒每秒 32 英尺。

我們回頭去查看一下表 8-4 中的數據，球的下落速度的確是每一秒鐘固定增加 32 英尺／秒。這是非常簡單的特例，加速度通常不是固定的。這裡之所以會是常數，是因為自由落體承受的作用力是固定的，而且牛頓定律告訴我們，加速度跟作用力成正比。

我們可以拿前面那個微分求速度的例題，做為進一步的範例，求它的加速度。記得表示距離的時間函數為

$$s = At^3 + Bt + C$$

由於 $v = ds/dt$，我們得到

$$v = 3At^2 + B$$

因為加速度為速度對時間的導數，我們得把這個式子再微分一次。

回想一下微分的法則，右邊兩項和的導數等於它們各自導數的和。第一項是 $3At^2$，我們用不著從頭一步步運算，從先前微分 $16t^2$ 的例子，我們知道二次項的導數，是把該項的數字係數乘以 2，並把 t^2 變為 t；我們假定這次會發生相同的事，你可以自己檢查結果對不對。$3At^2$ 的導數就是 $6At$。其次我們看看第二項 B 的導數。B 是常數，依照微分法則，任何常數的導數為 0；所以此項對加速度完全沒有影響。因此，最後的結果是 $a = dv/dt = 6At$。

我們在此說明兩個非常有用的公式當作參考。它們可以透過積分得到。如果一個物體從靜止狀態開始出發，以等加速度 g 運動，假設它在任何時間 t 的速度為 v，則 v 跟 t 之間的關係為

$$v = gt$$

而同時間內，它所走過的距離為

$$s = \tfrac{1}{2}gt^2$$

導數可以用各種數學記號表達。由於速度是 ds/dt，而加速度又是速度對時間的導數，於是我們還可以把加速度寫成

$$a = \frac{d}{dt}\left(\frac{ds}{dt}\right) = \frac{d^2s}{dt^2} \tag{8.10}$$

以上兩種都是二階導數的常見寫法。

我們還有一個定律：速度是加速度的積分，其實這只是 $a = dv/dt$ 倒過來的說法。前面我們已經知道，距離是速度的積分，所以我們可以把加速度連續積分兩次，就可以求出距離。

本章到目前的討論中，我們所談到的運動都只是局限在一維上（亦即在一條直線上的運動），而剩下的篇幅只夠我們對三維運動作簡短的介紹。讓我們考慮一個在三維空間內作各種活動的粒子 P。本章一開始，我們的討論是針對在一直線上運動的汽車，觀測它在不同時刻離起點的距離，然後我們從距離隨時間變化討論到速度；還有從速度隨時間的變化討論到加速度。

我們可以用同樣的方式處理三維運動。我們先用圖分析二維運動，然後進一步推想出三維運動的情形。

我們在紙上先畫上兩條互相垂直的軸，然後決定不同時刻運動中粒子的位置，亦即分別度量它離這兩軸的距離，所以每一個位置得同時由一個 x 值（粒子跟 y 軸的距離）以及一個 y 值（粒子跟 x 軸的距離）來決定。粒子的運動可以用一個表，列舉一連串不同的時刻，以及在這些時刻的這兩個距離數據，來描述粒子的位置。（把它推廣至三維運動，只需多加一條同時跟 x 軸、y 軸垂直的 z 軸，數據中的每一位置多出了一個 z 值。不過有一點得特別注意：在此情況下，x、y、z 等三個數值不再是到座標軸的距離，而是分別跟三個座標**平面**的距離。）

有了這個列舉時刻、x 值跟 y 值的數據表之後，我們又如何才能決定速度呢？我們得先分別求出速度在各方向上的分量。譬如速度在水平方向的部分（即 x 分量），就是距離 x 對時間 t 的導數

$$v_x = dx/dt \tag{8.11}$$

同理，速度在垂直方向的部分（即 y 分量），就是距離 y 對時間 t 的導數

$$v_y = dy/dt \qquad (8.12)$$

如果是三維運動，則速度在第三維的分量是

$$v_z = dz/dt \qquad (8.13)$$

　　有了速度的各個分量，如何求得粒子在實際運動路線上的速度呢？在二維的例子上，讓我們考慮粒子先後兩個位置，間隔著一段很短的距離 Δs ，以及很短的時間間隔 $t_2 - t_1 = \Delta t$ 。在這小段時間 Δt 內，這個粒子在水平方向上移動了距離 $\Delta x \approx v_x \Delta t$ ，而在垂直方向則移動了距離 $\Delta y \approx v_y \Delta t$ 。（這兒所用的符號「$\approx$」就是「差不多等於」的意思。）所以實際上它移動的距離差不多等於圖 8-3 所示：

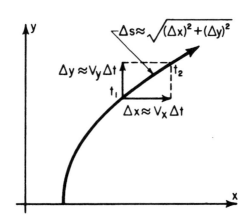

圖 8-3　物體在二維空間中運動的示意圖，以及速度的計算。

$$\Delta s \approx \sqrt{(\Delta x)^2 + (\Delta y)^2} \tag{8.14}$$

在這一小段時間間隔內的近似速度，可由 Δs 除以 Δt 而求出。然後依照本章開始時所述，讓 Δt 變得更小，直至趨近於 0，也就是求 s 對 t 的導數，就可以得到粒子的速度

$$v = \frac{ds}{dt} = \sqrt{(dx/dt)^2 + (dy/dt^2)} = \sqrt{v_x^2 + v_y^2} \tag{8.15}$$

推廣到三維時，粒子的速度就成了

$$v = \sqrt{v_x^2 + v_y^2 + v_z^2} \tag{8.16}$$

　　我們可以用前述定義速度的方式來定義加速度：速度也有兩個分量，加速度在 x 方向上分量為 a_x，為速度分量 v_x 的導數（也就是 $a_x = dv_x/dt = d^2x/dt^2$，$x$ 對 t 的二階導數）。依此類推可得加速度在其他方向的分量。

　　現在讓我們探討發生於平面上、很有意思的複合運動。有一個球體，一方面以等速度 u 朝水平方向前進，同時又在垂直方向，以加速度 $-g$ 朝下降落，這是怎樣的運動呢？我們就認定它的 $dx/dt = v_x = u$，由於速度 v_x 為定值，故水平位置 x 跟時間的關係為

$$x = ut \tag{8.17}$$

　　且由於球向下的加速度 $-g$ 也是常數，故垂直位置 y 跟時間的關係為

$$y = -\tfrac{1}{2}gt^2 \tag{8.18}$$

　　它的軌跡如何？也就是 y 跟 x 之間有啥關係？我們以 $t = x/u$ 取代，消掉(8.18)式中的 t，求得

$$y = - \frac{g}{2u^2} x^2 \qquad (8.19)$$

　　y 跟 x 之間的這個關係式，可看成是這個球的路徑方程式。用此方程式作圖，得到一條叫做拋物線的曲線。朝任何方向射出的自由落體，其實都沿著一條拋物線行進，如同圖 8-4 所示。

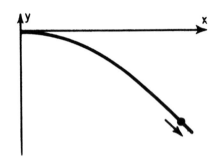

圖 8-4　具有水平初速的自由落體其軌跡為拋物線。

第 9 章 牛頓動力學定律

- 9-1　動量與力
- 9-2　速率與速度
- 9-3　速度、加速度以及力的分量
- 9-4　力是什麼？
- 9-5　動力學方程式的意義
- 9-6　動力學方程式的數值解
- 9-7　行星運動

9-1　動量與力

　　科學歷史上，動力學定律（或稱為運動定律）的發現是非常戲劇性的一刻。在牛頓之前，許多東西的運動，例如行星的運行，都是不解之祕。而在牛頓之後，人們便完全弄清楚了。人們甚至能夠計算，行星的微擾對於刻卜勒定律所造成的些微偏差。牛頓定律發表之後，無論是擺的運動，或是彈簧與砝碼組合而成的振盪器等等，都可以分析得一清二楚。

　　本章的作用也和牛頓定律的作用一樣。在本章之前，我們完全不知道該如何計算彈簧上所掛的質量會如何運動，更不用說去計算木星與土星對於天王星的擾動所造成的影響。但是在本章之後，我們就不只能夠計算振盪物體的運動，也能計算出木星與土星對於天王星所造成的微擾。

　　由於伽利略（Galileo Galilei, 1564-1642，義大利物理學家、天文學家及數學家）所發現的**慣性原理**，對於瞭解運動的本質而言，是偉大的進展。該原理指出：任何物體若是無牽無掛，未受到外界干擾，則原來已在運動的物體就會在一直線上以固定速度繼續運動，如果它原來是靜止的，就會繼續靜止不動。當然，自然現象似乎從來不是這樣子的。例如，在桌上滑行的木塊總會停下來。不過這是因為木塊並**非**不受外力干擾——它和桌面之間有摩擦。所以我們需要一些想像才能找到正確的規律，首先教我們這麼想像的人就是伽利略。

　　當然，在知道了慣性原理之後，下一步是我們需要找出一條法則來，告訴我們物體在有東西影響之下，其速率如何**改變**。這就是牛頓的偉大貢獻了，牛頓寫下了三個定律：第一定律只是把我們剛提到的伽利略慣性原理再說一遍。第二定律則是給了我們一個明確

的方法，去決定速度在種種稱為力的影響之下，如何改變。而第三定律則進一步描述力的性質，這兒我們暫且把第三定律擱下，留待以後再討論。

在這一章中，我們只談牛頓的第二定律。該定律主張：力會以這種方式改變物體的運動：**一個稱為「動量」**（momentum）**的量，其時間變化率和所受的力成正比**。待會兒我們會把這條規則用數學式子表示出來，但是現在我們先來解釋一下其中所涉及的觀念。

動量跟**速度**是兩回事。許多物理學所用的字眼，各有其精確的意義，雖然在日常生活用語中，它們未必有這麼精確的意思。動量就是一個例子，因此在討論之前，我們必須先要弄清楚它在物理學上的正確定義。

如果我們以雙臂去推一件物體，而該物體很輕 ，它會移動得很快；如果我們用同樣的力去推另一個在一般意義上重很多的物體，則它的移動就會慢了許多。事實上，在作以上敘述時，我們必須把所用的形容詞「輕」跟「重」，更改為「**質量較小**」跟「**質量較大**」才正確。原因是我們必須瞭解，物體的**重量**跟它的**慣性**是有區別的。（要用上多少力讓物體運動是一回事，它的重量是多少，又是另一回事。）物體的重量跟慣性其實是成**正比**的。由於在地球表面上，我們把物體的重量跟慣性訂定為相同的數值，因而讓許多初學者發生了誤會，以為它們相同。物體在火星上的重量會與地球上不同，然而克服慣性所需的力，卻是一樣的。

我們用**質量**來代表慣性的大小。那麼如何測量質量呢？方法之一，是讓物體以固定速率沿著圓周繞圈子，然後測量需要多大的力，才能拉住它而不至於會出軌。利用這個方法，我們發現每一物體都有某個質量。因為物體的**動量**是其**質量**與**速度**的乘積，所以牛頓的第二定律以數學方式表示，可寫為

$$F = \frac{d}{dt}(mv) \qquad (9.1)$$

　　說到這兒，有幾點需要注意。在寫下這樣的定律的時候，我們會用上許多直覺的觀念、推想、以及假設，大約的把它們歸納結合起來成為「定律」。之後我們可能必須回頭非常仔細的推敲，每個名詞究竟具有什麼意義。可是我們不能過早想把事情全講清楚，否則我們反而會覺得困惑。

　　所以一開始，我們得把定律中涉及的幾樣細節視為當然，不要斤斤計較。第一點，物體的質量是**固定不變的值**。這樣的說法嚴格說起來並不正確。然而在這裡我們不妨接受牛頓力學中所採用的近似：質量是永遠不變的定值，而且在把兩個物體放到一塊時，總質量是該兩個物體的質量**相加起來的和**。牛頓當年寫下這個運動方程式時，他當然假設了上述的概念，否則這方程式便是無意義的。比方說，假設質量與速度呈反比，那麼動量在任何情況下都**不會改變**。所以除非我們知道質量會如何隨速度而變，否則這個定律就沒有任何意義。因此我們暫且認為**質量不會隨速度而變**。

　　其次是一些有關力的認知。以往我們大略的認為，力就是我們用肌肉來拉或推時所用的力量而已。但是現在有了這條運動定律之後，我們能夠比較精確的來定義力。這裡面最重要的一件事，是我們瞭解到，這條關係式所牽涉到的，不只是動量或速度在**量值**上的改變，並且包含它們**方向**上的改變。我們看得出來，如果質量固定不變，則(9.1)式也可寫為

$$F = m\frac{dv}{dt} = ma \qquad (9.2)$$

其中，加速度 a 是速度的變化率。我們看到牛頓第二定律不只說，同一力對不同物體所產生的影響大小，跟物體的質量大小成反比；

它還告訴我們，物體速度的變化，其**方向**跟作用力的**方向**一致。所以我們必須瞭解，速度的變化，或者稱加速度，其意義要比普通含意要來得廣：運動中的物體可以由於加速或減速（此時我們說物體以負加速度在加速）或改變運動的方向而改變其速度。

在第7章裡，我們已經討論過加速度垂直於速度的情況。我們看到物體若以固定速率 v，沿著半徑為 R 的圓周運行，在很短的時間 t 內，物體偏離直線路徑的距離等於 $\frac{1}{2}(v^2/R)t^2$。因此，這個運動的加速度公式為

$$a = v^2/R \qquad (9.3)$$

物體前進時，如果受到一個與速度方向垂直的力，則只要把力除以質量以求出加速度，再代入(9.3)式，就可以得到其彎曲軌跡的曲率半徑 R。

9-2 速率與速度

為了讓討論運動的語言更精確，我們在此還需要對**速率**與**速度**兩個名詞，做定義上的區分。它們原為同義詞，一般人也不認為其間有任何分別。不過物理學上，則可以利用這兩個不同的詞，來區分兩個不同的觀念：速度除了量值大小之外，還需指明方向；速率則只說明量值大小，不包含方向。

我們可以藉由描述物體的 x、y、z 座標如何隨著時間而變，來把這些觀念講得更精確一些。譬如說，假設物體在某時刻的運動是如次頁的圖 9-1 所示：在很短的時間 Δt 內，物體在 x 方向移動了一段距離 Δx，同時也在 y 方向移動了距離 Δy，以及在 z 方向移動了距離 Δz。而這三個座標變化的總效應就是該物體沿著以 Δx、

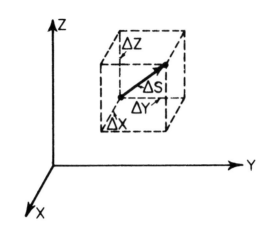

<u>圖 9-1</u>　一物體的微小位移

Δy、Δz 為三邊的平行六面體對角線的位移 Δs。如果用速度來表示，位移分量 Δx 就等於速度的 x 分量 v_x 乘以時間 Δt，而位移分量 Δy、Δz 也是類似的情況：

$$\Delta x = v_x \Delta t, \qquad \Delta y = v_y \Delta t, \qquad \Delta z = v_z \Delta t \qquad (9.4)$$

9-3　速度、加速度以及力的分量

上述(9.4)式中，**我們把速度分解成三個分量** v_x、v_y、v_z，這些分量告訴我們，物體在 x 方向、y 方向、跟 z 方向的運動有多快。這麼一來，速度就完全確定了下來，我們不但知道其大小，還知道其方向，我們只要指明這三個互相垂直的速度分量大小就可以了：

$$v_x = dx/dt, \qquad v_y = dy/dt, \qquad v_z = dz/dt \qquad (9.5)$$

另一方面，物體的速率則為

$$ds/dt = |v| = \sqrt{v_x^2 + v_y^2 + v_z^2} \qquad (9.6)$$

其次讓我們假設，由於某一力的作用，物體的速度發生了變化，變成了另一個速度，就像圖 9-2 所示，方向與大小都變了。我們只要把速度的 x 分量、y 分量、z 分量拆開來，就可以非常簡單的把看起來相當複雜的情況，分析得一清二楚。譬如速度的 x 分量在一小段時間 Δt 之內的變化是 $\Delta v_x = a_x \Delta t$，這裡的 a_x 就是加速度的 x 分量。同樣的，我們還有 $\Delta v_y = a_y \Delta t$ 跟 $\Delta v_z = a_z \Delta t$。因此我們若用這些分量來說明「力的方向與加速度的方向相同」此一牛頓第二定律，則第二定律其實是三個定律：力在 x、y、z 方向上的分

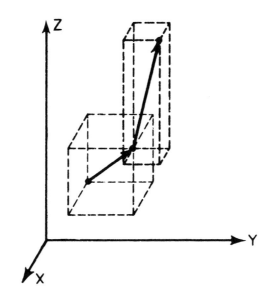

圖 9-2　速度改變前後，大小跟方向皆與前不同。

量等於物體質量乘以所對應速度分量的變化率：

$$F_x = m(dv_x/dt) = m(d^2x/dt^2) = ma_x$$
$$F_y = m(dv_y/dt) = m(d^2y/dt^2) = ma_y \qquad (9.7)$$
$$F_z = m(dv_z/dt) = m(d^2z/dt^2) = ma_z$$

正如我們可以把圖上代表速度跟加速度的線段，以投影到座標軸上的方式，分解成了三個分量，則朝向任一方向的力，也可以同樣的方式，分解成在 x、y、z 方向上的三個分量：

$$F_x = F \cos (x, F)$$
$$F_y = F \cos (y, F) \qquad (9.8)$$
$$F_z = F \cos (z, F)$$

上式中的 F 爲力的大小，而(x, F)則代表 x 軸跟 F 方向之間的夾角等等。

　　上面的(9.7)式即是牛頓第二定律的完整形式。如果我們知道作用於某物體上的力，則我們可以將這些力分解成其 x、y、z 分量，然後用這些方程式來求得物體的運動情形。且讓我們用一個簡單的實例來說明。假設我們在 y、z 方向上沒有任何力，唯一的力是在 x 軸方向上（假設它是垂直的方向），那麼(9.7)式告訴我們，物體的速度只在垂直方向上會有所改變，而在水平(y, z)方向上，速度分量的改變都等於零。我們在第 7 章中用了一個特殊的裝置來示範這個情況（見圖 7-3）。該例是一個原來就進行水平運動的落體，它的水平速度一直維持不變，而它在垂直方向的下落方式，跟水平速度等於零的自由落體完全相同。換言之，如果**力的分量**之間沒有關聯，x、y、z 三方向上的運動各自完全獨立。

9-4　力是什麼？

為了運用牛頓的運動定律，我們必須有一些描述作用力的公式，他的這幾個定律可以說是提醒我們**注意各種力的存在**。如果物體正在加速，那麼一定有某個力正在作用，我們就得去把它找出來。動力學的研究必定是**找出力的定律**。牛頓自己就給了幾個例子，譬如在討論重力時，他用很明確的公式來說明重力。至於其他各種作用力，他則在第三定律中說明了其部分的性質。我們將在下一章討論他的第三定律，該定律是關於作用力等於反作用力。

把剛才提到的例子予以延伸，我們要問，地球表面附近的物體，究竟受到哪些力的作用？答案是在地球表面附近，垂直方向有著重力。此重力與物體的質量成正比，而且如果物體的高度和地球的半徑 R 相比可以說是相當小，那麼物體所受的重力就和其離地的高度無關。以公式表示，物體的重力等於 $F = GmM/R^2 = mg$，其中的 $g = GM/R^2$ 叫做**重力加速度**。

這個重力定律告訴了我們，物體重量跟質量成正比，重力的方向是垂直向下的，大小則等於物體的質量乘以重力加速度 g。這兒我們又要再次強調，水平方向的運動會保持固有的速度。垂直方向的運動比較有意思，這方面，牛頓第二定律告訴了我們

$$mg = m(d^2x/dt^2) \tag{9.9}$$

上式兩邊的 m 抵消後，我們發現 x 方向的加速度，對任何物體來說都是一個常數，都等於 g。這個結論當然就是有名的重力下的自由落體定律了，它會導致以下的兩個式子：

$$v_x = v_0 + gt$$
$$x = x_0 + v_0 t + \tfrac{1}{2}gt^2 \qquad\qquad (9.10)$$

　　讓我們另舉一個例子，假設我們建造了一個器械——彈簧（見圖 9-3）。在它拉長或縮短時，會對其上吊掛著的質量施力，力的大小與（離平衡位置的）距離成正比，而方向則相反。這裡我們不需要考慮重力，因為在我們把東西掛到彈簧上之初，彈簧已經拉長了一些，用以抵消東西質量的重力，才到達圖中的平衡位置，所以在此情況下，我們只需要考慮**額外的**力。我們可以看出來，若是我們把質量往下拉，彈簧會想把它向上拉回去。而如果我們把質量往上推，則彈簧也會把它再推下來。當我們將它往上推，物體所受的力會和它離開平衡位置的距離恰好成正比。同樣的，如果我們把物體往下拉，則向上的力也會與離平衡點距離正比。

　　我們且看看這個彈簧的運動，它的運動很美妙——上、下、上、下……。不過現在我們要問的是，牛頓的方程式是否能正確的描述出這種運動來？讓我們瞧瞧，我們是否能應用(9.7)式的牛頓定律，精確的計算出這種週期振盪的運動來？在此情況下，方程式是

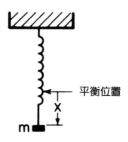

　　平衡位置

圖9-3　彈簧上吊掛著一質量

$$-kx = m(dv_x/dt) \qquad (9.11)$$

這個式子顯示這兒的情況是，x 方向（即垂直方向）上的速度變化率跟距離 x 成正比。式子中有兩個常數 k 跟 m，這兩個常數值會隨著所用的量度單位不同而有異，因此我們可以改變時間跟長度的單位，使得 $k/m = 1$，於是上式簡化爲

$$dv_x/dt = -x \qquad (9.12)$$

其次，我們還必須知道 v_x 是什麼，不過我們當然知道速度就是位置的變化率。

9-5　動力學方程式的意義

現在讓我們試圖分析一下(9.12)式的意思。假設在某一時刻 t，物體具有速度 v_x，而它的位置爲 x。那麼在稍微後來的時刻 $t + \epsilon$，速度跟位置又會是怎樣呢？如果我們能回答這個問題，則問題就解決了，因爲到時候我們可以從所給的情況開始，一個個的逐次計算出接下來的一連串時刻中，速度跟位置各是怎樣，如此就能描繪出整個運動。

我們可以用實例來說明一下，會更明確。假設在 $t = 0$ 時，已知 $x = 1$，$v_x = 0$。既然當時的速度爲 0，那爲什麼放手之後，物體會動呢？因爲物體除了在位置 $x = 0$ 外，都會受到一跟 x 成正比的力。如果 $x > 0$，此力的方向爲向上。因爲運動定律說，有作用力就有加速度，所以速度會從零開始改變。一旦向上的速度不爲零，物體就開始往上了。現在我們考慮任一時刻 t，而如果 ϵ 非常小，我們可以從時刻 t 的位置與速度，去求出時刻 $t + \epsilon$ 的大約位

置，我們所用的是以下這個相當精確的式子：

$$x(t + \epsilon) = x(t) + \epsilon v_x(t) \tag{9.13}$$

理論上，ϵ 愈小，上式所得到的值也愈準確。不過即使 ϵ 還沒有小到接近零之前，這個式子所得到的近似值已經準確得可供使用。

那麼速度又如何呢？為了求得在稍後時刻 $t + \epsilon$ 的速度，我們需要知道速度如何變化，也就是得知道 t 時刻的**加速度** a_x。我們又如何求出該加速度呢？我們可以用上動力學定律，這定律告訴我們加速度是多少。從(9.12)式我們知道加速度為 $-x$。所以

$$v_x(t + \epsilon) = v_x(t) + \epsilon a_x(t) \tag{9.14}$$
$$= v_x(t) - \epsilon x(t) \tag{9.15}$$

上面的(9.14)式只是運動學（kinematics）公式而已，它說速度之所以會改變是因為有加速度。而(9.15)式則是**動力學**（dynamics）公式，由於它把加速度跟力扯上了關係；此方程式說，在這個特殊問題的特殊時刻 t，我們可以用 $-x(t)$ 取代加速度。因此如果我們知道某一時刻的 x 跟 v，我們就會知道當時的加速度，而加速度會告訴我們下一個時刻的新速度，然後我們可以得知新位置——這就是牛頓力學運作的方式。總之，由於力的關係，速度會改變一點，而由於速度的關係，位置會改變一點。

9-6　動力學方程式的數值解

現在讓我們實際的把這問題解出來。首先我們隨意取 $\epsilon = 0.100$ 秒。若是等到計算完了之後我們發現得到的結果不夠精確，則我們就得另外選出更小的 ϵ 來，譬如 $\epsilon = 0.010$ 秒，從頭開始再計算一

次。

假設開始時的位置 $x(0) = 1.00$，那麼 $x(0.1)$ 是多少呢？我們從 (9.13)式得知，它等於舊的位置 $x(0)$，加上舊速度（等於 0）乘以ϵ（0.1 秒）。因此得到的 $x(0.1)$ 仍然還是 1.00，表示它仍然留在原地，還沒開始運動。但是在 0.1 秒的新速度卻有了變化，按照 (9.14)式，新速度等於舊速度 $v(0) = 0$ 加上 ϵ 乘以加速度 $a(0)$，而 $a(0) = - x(0) = - 1.00$，因此

$$v(0.1) = 0.00 - 0.10 \times 1.00 = -0.10$$

接下來讓我們計算出在 0.20 秒時的情形，

$$\begin{aligned} x(0.2) &= x(0.1) + \epsilon v(0.1) \\ &= 1.00 - 0.10 \times 0.10 = 0.99 \end{aligned}$$

以及

$$\begin{aligned} v(0.2) &= v(0.1) + \epsilon a(0.1) \\ &= -0.10 - 0.10 \times 1.00 = -0.20 \end{aligned}$$

於是我們不斷算下去，直到把整個運動的過程全部計算出來為止。

不過實際上我們可以利用一些小技巧來提高精確度，我們如果只是按照原來的方式下去，所得到的結果其實相當粗糙，因為 $\epsilon = 0.100$ 秒太粗糙了些。所以我們得選用更小的間隔，例如 $\epsilon = 0.01$ 秒。不過這麼一來，我們得花很多的計算功夫才能得到某一段不算太長時間之後的運動狀況。

那麼在貿然給自己找來這樣的苦工之前，讓我們想想其他辦法，可以維持使用 $\epsilon = 0.10$ 秒來計算，卻能夠提高準確度。如果在分析技巧上做細微的改進，這就可以辦得到。

　　請注意，在上述方法中，新位置是舊位置加上時間間隔 ε 乘以速度。不過我們該用**什麼時刻**的速度？在一段時間之初的速度與終了時的速度不見得相同。我們原先是用時段開始時的速度來代表全程的速度，我們現在要用時段**中間點**的速度，這樣做能夠提高精確度。我們如果知道現在的速度，可是速度在改變，那麼我們如果以現在的速度去代表全程的速度，就不會得到正確的答案。我們應該用某個介於「現在」的速度與時段終了時的「後來」速度去計算。同樣的方法一樣可用在求取新速度上：即是在計算時間間隔 ε 中的速度變化時，我們也應該使用**間隔中點**的加速度，取代(9.14)式中的舊加速度 $a(t)$。

　　所以經過改進之後的方程式是這樣的：下一個位置等於原來位置加上 ε 乘以**時間間隔中點**的速度。那麼這個中點的速度又是怎麼得來呢？我們知道中點速度應該是，ε 時刻之前（即前一段時間間隔的中點）的速度加上 ε 乘以在 t 時刻的加速度 $a(t)$。用數學式子表示以上的想法就是：

$$x(t + \epsilon) = x(t) + \epsilon v(t + \epsilon/2)$$
$$v(t + \epsilon/2) = v(t - \epsilon/2) + \epsilon a(t) \qquad (9.16)$$
$$a(t) = -x(t)$$

不過這兒還有一個小問題： $v(\epsilon/2)$ 應該是多少呢？一開始，我們只知道 $v(0)$，而不知道 $v(-\epsilon/2)$。為了能夠開始計算起見，我們將使用一個特別的方程式 $v(\epsilon/2) = v(0) + (\epsilon/2)a(0)$，來計算 $v(\epsilon/2)$。

　　現在一切就緒，我們可以用(9.16)的三個方程式逐一計算，分別得到各個時刻 t 的位置 x、中點速度 v_x、以及加速度 a_x，如表9-1 所示。這個表當然只是一種呈現得自(9.16)式的數值的方便方式，事實上，我們只要把結果一一填入表中，根本不需要寫出方程

表 9-1 *dvx/dt = − x* **的解**

（時間間隔：ϵ = 0.10 秒）

t	x	v_x	a_x
0.0	1.000	0.000	−1.000
		−0.050	
0.1	0.995		−0.995
		−0.150	
0.2	0.980		−0.980
		−0.248	
0.3	0.955		−0.955
		−0.343	
0.4	0.921		−0.921
		−0.435	
0.5	0.877		−0.877
		−0.523	
0.6	0.825		−0.825
		−0.605	
0.7	0.764		−0.764
		−0.682	
0.8	0.696		−0.696
		−0.751	
0.9	0.621		−0.621
		−0.814	
1.0	0.540		−0.540
		−0.868	
1.1	0.453		−0.453
		−0.913	
1.2	0.362		−0.362
		−0.949	
1.3	0.267		−0.267
		−0.976	
1.4	0.169		−0.169
		−0.993	
1.5	0.070		−0.070
		−1.000	
1.6	−0.030		+0.030

式。

　　我們可以從這個表清楚的瞭解物體運動的狀況，物體最初是靜止的，然後有了一點點向上（負）的速度，離開平衡點的距離也小了些，因此加速度也就小一些；但速度仍持續增加，只是增加的幅度愈來愈小，它會持續前進，直到時間約略超過 1.5 秒時，物體通過 $x = 0$。然後物體進入平衡點的另一側，位置 x 變成負值，而加速度變成正值，因此速度變小。

　　非常有趣的是，如果我們把表 9-1 的數據作成圖，去跟函數 $x = \cos t$ 的圖形比較（見圖 9-4）。我們發現兩者非常符合，準確度已經達到了這些計算數值的三位有效數字！以後我們將還會討論到，事實上 $x = \cos t$ 的確是這個運動方程式的數學解。這個例子精采的示範了數值分析（numerical analysis）的威力——如此簡單的計算，居然能夠得到這樣精確的結果！

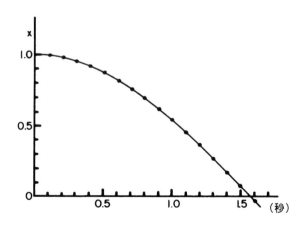

圖 9-4　彈簧上吊掛一重物之運動圖。（其中各點為表 9-1 所列的計算數值，曲線則為 $x = \cos t$ 的圖形。）

9-7　行星運動

　　對於吊掛在彈簧上的物體所做的振盪運動來說，以上的分析顯然非常不錯。那麼我們是否可以用類似的方法來分析行星繞太陽運行的運動呢？我們想知道是否可以用這個方法來得到一個近似橢圓的軌道？為了簡化問題，我們可以先假設太陽質量為無窮大，也就是說，我們將忽略太陽本身的運動。假設某一行星自某位置出發，以某一速度向前進，它沿某條曲線繞著太陽運動；我們將利用牛頓的運動定律以及重力定律來分析此行星的運動，希望瞭解其軌跡為何。

　　但是我們該怎麼做呢？假設行星在某個時刻位於空間中某個位置，而此位置離太陽的徑向距離為 r，我們從牛頓的重力定律知道，行星在朝著太陽的方向有一重力，大小等於某個常數乘上太陽與行星的質量乘積，再除以距離的平方。為了進一步分析，我們必須想辦法找出這重力究竟使得行星產生了怎樣的加速度。我們需要知道這個加速度在沿著兩個方向上的**分量**，這兩個方向我們稱為 x 方向跟 y 方向。因此我們只要給定 x 與 y，就指明了行星在某一時刻的位置（我們可以假設 z 永遠為 0，因為在 z 方向沒有力，所以如果 z 方向上的初速 v_z 為零，則 z 就永遠為零，不會改變，則重力就沿著連接行星與太陽的線，指向太陽，如次頁的圖 9-5 所示。

　　從此圖我們可以看出，因為涉及的兩個三角形是相似三角形，重力在水平方向（即 x 方向）上的分量與整個力的比，和水平距離 x 與斜邊長度 r 的比一樣。而且，如果 x 為正值的話，則 F_x 為負值。也就是說，$F_x/|F| = -x/r$，或者說 $F_x = -|F| x/r = -GMmx/r^3$。現在我們從動力學定律知道，力在 x 方向上的分量等於行星的質量

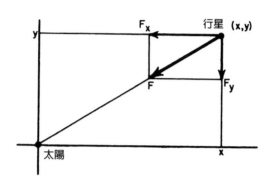

圖 9-5　行星所受到的重力

乘以 x 方向上的速度變化率，因此我們可以得到下列定律：

$$m(dv_x/dt) = -GMmx/r^3$$
$$m(dv_y/dt) = -GMmy/r^3 \qquad (9.17)$$
$$r = \sqrt{x^2 + y^2}$$

上述這一組方程式就是我們必須解的方程式。爲了簡化數值計算，假設已調整了時間的單位，或太陽的質量（或剛好運氣好），使得 $GM \equiv 1$，並且假設行星的最初位置爲 $x = 0.500$ 跟 $y = 0.000$，而且一開始的速度全在 y 方向上，大小爲 1.630。接下來，我們要如何計算呢？依照彈簧運動所建立的模式，我們先畫一個空白表格，最左邊第一欄爲時刻欄，接著是在 x 方向的位置、 x 方向的速度 v_x、跟 x 方向的加速度 a_x 等三欄。但是這次的運動比較複雜，在 y 方向上也有運動要記錄，所以我們在畫了雙線隔開之後，還得另加三欄，用以記錄在 y 方向上的位置、速度 v_y、跟加速度 a_y。爲了求加速度，我們從(9.17)式得知 $a_x = -x/r^3$， $a_y = -y/r^3$， r 則是 $x^2 + y^2$ 的平方根。所以在有了 x 跟 y 之後，還要作一些計算，算出 x 跟 y 的平方和，再求平方根，才能得到 r 值。爲了算出兩個加速

度，我們也把 $1/r^3$ 算出來。我們只要用上平方、立方，以及倒數表就很容易完成計算，接著用計算尺就可以把 x 乘以 $1/r^3$ 算出來。

我們的計算步驟如下，採用的時間間隔為 $\epsilon = 0.100$，而 $t = 0$ 時的起始數值是：

$$x(0) = 0.500 \qquad y(0) = \quad 0.000$$
$$v_x(0) = 0.000 \qquad v_y(0) = +1.630$$

從這些數字可算出：

$$r(0) = \quad 0.500 \qquad 1/r^3(0) = 8.000$$
$$a_x = -4.000 \qquad a_y = 0.000$$

同樣應用前例中使用的改善方法，即計算間隔中點的速度 $v_x(0.05)$ 跟 $v_y(0.05)$：

$$v_x(0.05) = 0.000 - 4.000 \times 0.050 = -0.200$$
$$v_y(0.05) = 1.630 + 0.000 \times 0.050 = \quad 1.630$$

接著我們開始主要的計算工作：

$$x(0.1) = 0.500 - 0.20 \times 0.1 \quad = \quad 0.480$$
$$y(0.1) = 0.0 + 1.63 \times 0.1 \quad = \quad 0.163$$
$$r = \sqrt{0.480^2 + 0.163^2} \quad = \quad 0.507$$
$$1/r^3 = 7.677$$
$$a_x(0.1) = -0.480 \times 7.677 \quad = -3.685$$
$$a_y(0.1) = -0.163 \times 7.677 \quad = -1.250$$
$$v_x(0.15) = -0.200 - 3.685 \times 0.1 = -0.568$$
$$v_y(0.15) = 1.630 - 1.250 \times 0.1 \quad = \quad 1.505$$
$$x(0.2) = 0.480 - 0.568 \times 0.1 \quad = \quad 0.423$$
$$y(0.2) = 0.163 + 1.505 \times 0.1 \quad = \quad 0.313$$

等等

我們如此繼續計算下去，就得到了表 9-2 所列的數值。

　　我們發現約略在 20 步之後，就看到行星已經繞太陽半圈了！我們若把表 9-2 中行星位置的 x、y 座標畫出來，所得到的就是圖 9-6 。圖中的點代表每隔十分之一時間單位之後，行星的位置；所以軌道上凡是點比較密集的部分，即表示行星在該處運行得比較緩慢，而稀鬆的部分則表示運行較快。由此我們可以明顯看出，在所計算出來的半圈軌道上，行星一開始跑得很快，後來逐漸慢了下來。另外，這些點也描繪出行星的曲線軌道。所以我們果真知道如何去計算行星的運動！

　　現在讓我們來看看，怎樣才能計算出海王星、木星、天王星、或其他行星的運動。如果有這麼多個行星在互相影響，而且太陽也在移動，你想，我們仍然能做同樣的計算嗎？當然可以。我們可以先分別計算出太陽系中所有行星（包括太陽），對一特定行星所產生的重力，然後把它們全加起來。

　　譬如我們想要計算第 i 號星體所受到的重力，該星體位置為(x_i, y_i, z_i)（$i = 1$ 也許可以用來代表太陽，$i = 2$ 則代表水星、$i = 3$ 代表金星等等）。我們必須知道每一個星體的位置。該星體所受到的

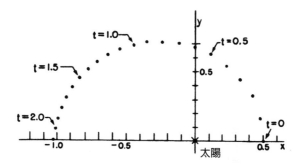

圖 9-6　計算出來的行星繞日運動中的各位置點

表 9-2　$dv_x/dt = - x/r^3$ 、 $dv_y/dt = - y/r^3$ 、及 $r = \sqrt{x^2+y^2}$ 的解

時間間隔：$\epsilon = 0.100$ 秒
在 $t = 0$ 時，軌道 $v_y = 1.63$ ， $v_x = 0$ ， $x = 0.5$ ， $y = 0$

t	x	v_x	a_x	y	v_y	a_y	r	$1/r^3$
0.0	0.500		-4.000	0.000		0.000	0.500	8.000
		-0.200			1.630			
0.1	0.480		-3.685	0.163		-1.251	0.507	7.677
		-0.568			1.505			
0.2	0.423		-2.897	0.313		-2.146	0.527	6.847
		-0.858			1.290			
0.3	0.337		-1.958	0.443		-2.569	0.556	5.805
		-1.054			1.033			
0.4	0.232		-1.112	0.546		-2.617	0.593	4.794
		-1.165			0.772			
0.5	0.115		-0.454	0.623		-2.449	0.634	3.931
		-1.211			0.527			
0.6	-0.006		$+0.018$	0.676		-2.190	0.676	3.241
		-1.209			0.308			
0.7	-0.127		$+0.342$	0.706		-1.911	0.718	2.705
		-1.175			0.117			
0.8	-0.244		$+0.559$	0.718		-1.646	0.758	2.292
		-1.119			-0.048			
0.9	-0.356		$+0.702$	0.713		-1.408	0.797	1.974
		-1.048			-0.189			
1.0	-0.461		$+0.796$	0.694		-1.200	0.833	1.728
		-0.969			-0.309			
1.1	-0.558		$+0.856$	0.664		-1.019	0.867	1.536
		-0.883			-0.411			
1.2	-0.646		$+0.895$	0.623		-0.862	0.897	1.385
		-0.794			-0.497			
1.3	-0.725		$+0.919$	0.573		-0.726	0.924	1.267
		-0.702			-0.569			
1.4	-0.795		$+0.933$	0.516		-0.605	0.948	1.174
		-0.608			-0.630			
1.5	-0.856		$+0.942$	0.453		-0.498	0.969	1.100
		-0.514			-0.680			
1.6	-0.908		$+0.947$	0.385		-0.402	0.986	1.043
		-0.420			-0.720			
1.7	-0.950		$+0.950$	0.313		-0.313	1.000	1.000
		-0.325			-0.751			
1.8	-0.982		$+0.952$	0.238		-0.230	1.010	0.969
		-0.229			-0.774			
1.9	-1.005		$+0.953$	0.160		-0.152	1.018	0.949
		-0.134			-0.790			
2.0	-1.018		$+0.955$	0.081		-0.076	1.022	0.938
		-0.038			-0.797			
2.1	-1.022		$+0.957$	0.002		-0.002	1.022	0.936
		$+0.057$			-0.797			
2.2	-1.017		$+0.959$	-0.078		$+0.074$	1.020	0.944
					-0.790			
2.3								

跨越 x 軸的時刻在 2.101 秒　　∴ 軌道的運行週期 = 4.202 秒

$v_x = 0$ 的時刻為 2.086 秒

當軌道跨越 x 軸時的截距為 -1.022

∴ 橢圓形運行軌道的半長軸 = $(1.022 + 0.500)/2 = 0.761$　　這時 $v_y = 0.797$

再度跨越 x 軸時刻應為 $\pi(0.761)^{3/2} = \pi(0.663) = 2.082$

力，來自位於(x_j, y_j, z_j)的其他星體。所以運動方程式爲

$$m_i \frac{dv_{ix}}{dt} = \sum_{j=1}^{N} - \frac{Gm_i m_j(x_i - x_j)}{r_{ij}^3}$$

$$m_i \frac{dv_{iy}}{dt} = \sum_{j=1}^{N} - \frac{Gm_i m_j(y_i - y_j)}{r_{ij}^3} \qquad (9.18)$$

$$m_i \frac{dv_{iz}}{dt} = \sum_{j=1}^{N} - \frac{Gm_i m_j(z_i - z_j)}{r_{ij}^3}$$

上式中的 r_{ij} 爲行星 i 跟行星 j 之間的距離，等於

$$r_{ij} = \sqrt{(x_i - x_j)^2 + (y_i - y_j)^2 + (z_i - z_j)^2} \qquad (9.19)$$

而且，Σ 符號是表示對於所有可能的 j 值都要累加起來（除了 $j = i$ 之外），亦即逐一把其他星體的數值代入，再加起來。因此，若要從計算結果來精確描述行星的運動，我們必須做的事就是得在表格中加上**很多很多**欄才夠用。在求木星的運動時，我們得用上九欄來記錄，計算土星的運動，同樣也是需要九欄等等。一旦準備好這種表格，在知道了行星的起始位置跟速度的各個分量之後，我們可以從(9.18)式計算出所有的加速度，當然我們得先用(9.19)式計算出行星與太陽以及行星之間的距離。要花費多久時間才能計算出這些結果來呢？如果你回家用鉛筆跟紙計算，那絕對會久得讓你吃不消！

　　但幸好我們可以仰仗現代的電腦幫忙。一部非常好的電腦（以 1960 年代的標準），每做一次加減只需要 1 微秒（microsecond，百萬分之一秒），做乘法就慢了一些，每次相乘也許需要 10 微秒。當然題目不同，多少總會影響到計算步驟，不過我們約略估計每一回合的計算大概包括 30 次的相乘，所以每一回合的計算，大概得花 300 微秒，或是反過來說，每秒大概可做 3,000 回的計算。

　　爲了達到，譬如說，十億分之一的精確度，行星繞日公轉一周，大約需要做到 4×10^5 回合的計算。這樣的計算約需要 130 秒，或差不多兩分鐘。所以，我們若沿用本章所示範的計算方法，去計算木星繞日運行的軌道，包括所有其他八大行星對它造成的攝動，且更要使得所有算出來的數據，誤差不得大於十億分之一，只需要兩分鐘的計算時間而已！（事實上，誤差的大小跟所採用時間間隔 ϵ 的平方成正比。也就是說，如果我們把 ϵ 縮小 1,000 倍，準確度會提升一百萬倍。前例中，我們採用 $\epsilon = 0.1$ 時，準確度已經到達了百分之一；若要讓準確度到達十億分之一，我們還得把 ϵ 再縮小 10,000 倍。）

　　所以，正如先前所說的，我們最初連彈簧上吊掛的質量如何運動，都不知道該怎麼著手計算。現在我們手上有了極了不起的牛頓定律，不但可以計算出如此簡單的運動，而且只要有計算機幫忙處理算術，那麼即使是極爲複雜的行星運動，我們也能夠算出來，甚至可以達到任何我們想要的精確度！

第10章

動量守恆

- 10-1　牛頓第三定律
- 10-2　動量守恆
- 10-3　動量是守恆的！
- 10-4　動量與能量
- 10-5　相對論動量

10-1　牛頓第三定律

牛頓第二運動定律告訴我們，作用於任何物體上的力，跟物體加速度之間的關係。根據這個定律，我們原則上可以解決任何力學上的問題。譬如說，我們可以利用前面第 9 章中所建立的數值方法，來決定數個粒子的運動。

但是基於幾個原因，牛頓定律很值得進一步研究，首先，有一些相當簡單的運動例子，不僅能用數值方法去分析，還可以直接用數學分析擺平。比方說，雖然我們知道自由落體的加速度為 32 英尺／秒^2，而且我們只憑著這一點就可以用數值方法把落體運動算出來，但我們其實還可以用數學分析找出一般解，$s = s_0 + v_0 t + 16t^2$，這樣來分析運動更為簡單，而且結果更叫人滿意。

同樣的，雖然我們可以用數值方法來求出諧振子（harmonic oscillator）的位置，但我們也可以證明方程式的一般解其實是時間 t 的餘弦函數，這樣一來，我們便不必做那些麻煩的算術，因為我們已有了一個更簡單，更精確的方法來求得結果。

同樣的，雖然我們可以用第 9 章的數值方法，一個點一個點的算出在重力作用下行星的運動，而得到軌道的大略形狀，但是若改用數學分析方法，我們則可以推算出行星的軌道是完美的橢圓。

然而不幸的是，能用分析方法精確解決的問題少之又少。就拿我們剛討論過的諧振子例子來說，如果其中彈簧力跟位移並不剛好成正比，而是更複雜的關係時，我們還是必須依靠數值方法。同樣的，如果環繞太陽的物體不止一個，而是有兩個，使得牽涉在內的天體數目成了三個之後，則數學分析對於物體的運動就不可能給出簡單的公式，所以實際上，這個問題必須用數值方法去解決。

上述另加一顆行星後所造成的數學難題，就是著名的三體問題（three-body problem），長期以來考驗人類的分析能力。有趣的是，人們花了那麼久的時間才理解到數學分析的能耐或許是有限的，而數值方法或許是必要的。事實上，目前有太多無法用數學分析的問題，必須用數值方法去解。甚至這個一直叫人傷透了腦筋的古老三體問題，也可以尋常的，用類似上一章所敘述的數值方法給解了出來，也就是說，只要作一堆加減乘除的運算就可以了。

然而有時候兩種方法都行不通：簡單的問題我們可以用數學分析去求解，困難一點的問題則可用數值算術方法，至於非常複雜的問題，這兩個方法都無能為力。

那麼什麼樣的問題，才算得上是夠複雜的呢？我們舉一些例子，譬如兩輛車子的碰撞，或是氣體中分子的運動。一立方毫米的氣體中有不計其數的氣體分子，計算這些分子的運動會碰上非常多的變數（大約有 10^{17} 或十億億個變數）。無論是氣體、磚塊、或鐵塊裡的分子或原子的運動，或者是球狀星團中星球的運動，而不僅是兩三個行星環繞著太陽的運動，這些問題都是不能直接解決的，我們必須想出其他的辦法。

遇到這種無法顧到一切運動細節的棘手情況，我們得改從一些一般性質著手，也就是由牛頓定律引伸出來的一些一般性的定理或原理。第 4 章所討論到的能量守恆原理即是其中之一，還有一個卻是動量守恆原理，也就是本章的主題。

我們之所以要進一步研究力學，另一原因是我們注意到，某些運動模式經常會在許多不同的情況中重複出現，因此我們只要探討在某一特定情況的模式就可以了。什麼模式呢？比方說，我們將探討各種碰撞，不同類型的碰撞之間，有許多共通之處。另外以液體的流動為例，我們發現流體的種類不同，關係並不很大，重要的是

它們都遵守類似的定律。此外，我們還將探討各種形式的振動跟振盪，尤其是力學波的現象，這些力學波包括聲音、桿子的振動等等。

先前我們討論牛頓定律時已解釋過，這些定律是一種程序，它的重點是要人們「注意各種力」，而關於力的性質，牛頓只告訴了我們兩件事：在重力方面，他告訴了我們重力的完整定律；另外在原子之間非常複雜的力方面，他並不知道那些力的正確定律，不過牛頓倒是發現了一項法則，這項法則是各種力的一項通性，這就是第三定律的內容。這些就是牛頓本人對力的全部心得——重力定律跟這項定律，沒有其他細節了。

牛頓第三定律就是，**作用力等於反作用力**。

它的意思大約是這樣子：假設有兩個小物體，就說是兩個粒子好了，其中的一個粒子施力在第二個粒子上，推了後者一把。那麼根據牛頓第三定律，就在第一個粒子施力的同時，第二個粒子也會施力作用在第一個粒子上，這兩個力的大小完全相同，而方向卻剛好相反；而且這兩力實際上是沿著同一直線，絕不會錯開。這就是牛頓提出來的假說或定律，它的確看起來很合乎事實，但還不是完全正確（我們以後會討論錯誤在哪兒）。

現在我們姑且接受作用力等於反作用力的說法。當然，如果除了上面所說的兩個粒子之外，還另外有第三個粒子，但並不和先前兩個粒子在同一條直線上，那麼第三定律並**不**意味著，第一個粒子所受到的全部作用力，等於第二個粒子所受到的全部作用力，因為第三個粒子可能會向第一個粒子跟第二個粒子施力，但由於彼此位置的關係，這兩個力的方向不在同一條直線上，一般說來，作用於第一個粒子跟第二個粒子的力，大小不會相同，方向也不是相反的。不過我們可以把作用在每一個粒子上的力，拆開來分析。我們

發現凡是發生交互作用的**一對**粒子之間，作用力跟反作用力的一定
是大小相同，且方向相反。

10-2　動量守恆

現在讓我們來看看上述關係會有什麼有趣結果？為了簡單起
見，我們先假設只有兩個交互作用的粒子，它們可能有不同質量，
分別稱為 1 號跟 2 號。兩者之間的力，大小相等而方向相反，那麼
會有什麼結果呢？根據牛頓第二定律，力就是動量對時間的變化
率，所以我們下結論說：1 號粒子的動量 p_1 變化率，跟 2 號粒子
的動量 p_2 變化率相等，但方向相反，用數學式子表示就是

$$dp_1/dt = -dp_2/dt \qquad (10.1)$$

接下來，如果這兩個**變化率**永遠相等且方向相反，那麼 1 號粒
子在動量上的**總變化**，應該跟 2 號粒子在動量上的**總變化**相等，且
方向相反。這意味著如果我們把 1 號粒子的動量與 2 號粒子的動量
相加起來，則由粒子之間交互作用力（也稱為內力）所引起的總動
量變化率等於零，即

$$d(p_1 + p_2)/dt = 0 \qquad (10.2)$$

我們在這裡假設這問題中沒有其他的力牽涉在內。既然動量和
的變化率永遠為零，意思就是說 $(p_1 + p_2)$ 這個量不會改變（這個量
也可以寫成 $m_1v_1 + m_2v_2$，稱為兩個粒子的**總動量**）。因此我們得到
的結果就是：無論其間是否有任何交互作用存在，這兩個粒子的動
量和永遠不變。以上這個說法就是動量守恆定律在這個特殊例子中
的展現。我們的結論便是，無論這兩個粒子之間有什麼樣子的力，

在力發揮作用的前後,我們若是去測量或計算 $m_1v_1 + m_2v_2$,也就是兩動量之和,它們總是相等,也就是說,總動量為一定值。

如果我們把以上所說的道理,推廣到含三個或更多粒子的更複雜情況,很顯然的是,如果只考慮內力的話,則所有粒子動量之和永遠維持為一個定值。原因很簡單,任何一個粒子的動量若因另一個粒子而增加,則後者的動量必然會因前者而減少,一得一失剛好互補。也就是說,由於所有的內力全都互相抵消掉了,所以全部粒子的動量和,不會因內力的作用而發生變化。那麼只要沒有外來的力(外力),就絕不可能冒出能夠改變總動量的力,所以總動量為一定值。

其次,值得我們討論的是,除了這些粒子之間的交互作用力之外,如果另有外力的情況下,會發生什麼情形呢?假設我們把這幾個粒子與外界隔離開來,從上面我們已經知道,只要在沒有外力的情況下,無論內力有多麼複雜,它們的總動量不會改變。然而假設另有粒子對這些個「受到隔離」的粒子施力,這樣由隔離圈子外的物體對圈子內的物體所發出的作用力,我們就稱為**外力**。我們等一下就要證明,所有外力之和,正好等於隔離圈子內所有粒子總動量的變化率,這是一個非常有用的定理。

在沒有外力的情況下,一群有交互作用的粒子,其總動量守恆可以表示成

$$m_1v_1 + m_2v_2 + m_3v_3 + \cdots = 定值 \tag{10.3}$$

其中每個粒子的個別質量跟速度,分別以數字 1 、 2 、 3 、 4 、⋯⋯來標定。對於每個粒子來說,牛頓第二定律的一般形式就是

$$F = \frac{d}{dt}(mv) \tag{10.4}$$

對於在某個方向上的力與動量的**分量**而言，上面的式子應該成立。所以，某一個粒子在 x 方向上的所受的力，等於該粒子在 x 方向上的動量變化率，也就是

$$F_x = \frac{d}{dt}(mv_x) \tag{10.5}$$

在 y 跟 z 方向上也是一樣。所以(10.3)式實際上是三個方程式，每個方向上各有一個守恆方程式。

除了動量守恆律之外，牛頓第二定律還延伸出另一個有趣的原理，以後我們會加以證明，現在暫且只把它寫出來。這個原理是說：無論我們是站著不動，或是沿著一條直線做等速度運動，所有物理定律在這兩種情況下，完全沒有差別。譬如有一位小朋友在飛機上拍球，她會發現球反彈的樣子，就好像她是在地面上拍球。雖然飛機正以極快的速度飛行，除非飛機的速度有了變化，否則這位小朋友所看到的物理定律，和飛機靜止在地面上時所看到的定律，會完全相同。這個就是所謂的**相對性原理**（relativity principle），不過在這裡我們將稱之為「伽利略相對性」，以便跟後來愛因斯坦（Albert Einstein, 1879-1955）經過進一步分析後、所發明的相對論有所區別，我們以後將仔細討論這個問題。

我們剛從牛頓定律推導出了動量守恆定律，其實我們可以繼續用同樣的方式，去找出有關撞擊跟碰撞的特殊定律。不過我們將從完全不同的觀點去探討撞擊與碰撞的定律，我們這麼做是為了多加些變化，同時也為了示範另外一種推論方式，這種方式可以適用於別的情境下的物理，比方說，我們可能不知道牛頓定律，所以可能用了不同的辦法。我們將依據上述的伽利略相對性原理，推論出動量守恆律來。

我們一開始就假設，當我們以一定速度往前行進時，所看到的

自然，就跟我們站著靜止不動時所看到的沒有兩樣。我們即將討論兩件物體的碰撞，它們有可能在撞到之後黏成了一塊，也可能在撞到之後隨即彈開。不過在討論碰撞之前，我們且先考慮下列情形：兩件物體之間靠著彈簧或其他東西連在一起，然後忽然間將它們放開，這時彈簧會將兩物體推開，或是我們可以用一點小爆炸來推開兩個物體。不管設計是怎樣的，我們將只考慮一直線上的運動。

　　我們首先假設這兩件物體彼此完全一樣，都是形狀對稱的東西，它們中間夾著一些炸藥。在引爆之後，其中一物體會以速度 v 向，比如說，向右飛去。那麼另一個物體就會以速度 v 向左飛去，這樣子似乎是合理的，因爲如果兩物體完全一樣，左與右就完全對等，所以物體的行爲就應該是對稱的。我們用這例子示範了一種思考問題的方法，這種考慮問題的辦法可以用於很多問題之上；但是我們如果只從公式出發，就可能不會想到要這麼做。

　　我們實驗的第一項結果就是相同的物體會有相同的速度。其次我們假設這兩件物體質料不同，例如分別是銅跟鋁，但它們的**質量**卻相等。我們現在假設，如果用這兩件物體做同樣的實驗，即使兩者是不一樣的東西，只要質量相同，它們飛出去的速率仍然相同。

　　也許，有人會不以爲然的說：「其實你可以倒過來做，不用假設那兩物體的質量相等，你可以**下定義**說：在這個實驗裡，只要飛出去的速率相同，那就表示這兩個物體的質量相等。」好，我們就採用這個想法，在一塊銅跟一塊巨大的鋁中間裝上炸藥，引爆之後銅塊飛了出去，而鋁塊幾乎待在原地沒有動彈，顯然是鋁塊太大的緣故。於是我們把鋁塊縮小，直到剩下很小的鋁塊，經過安裝炸藥引爆之後，這回是鋁塊飛了出去，而**銅塊**則幾乎待在原地沒怎麼動，這次是鋁塊太小了一些。顯然在這兩種極端情況之間，必定有個恰當的大小，所以我們不停的調整其質量大小，直到鋁塊與銅塊

飛出去的速率剛好相等。到那時候我們可以反過來宣稱：由於這兩塊金屬炸開後的速率相等，所以它們的質量相同。

這樣的說法聽起來就是一個定義，很妙的是，我們居然把物理定律改變成了僅是定義而已。其實這裡面的確涉及了好幾個物理定律，而且一旦我們接受了這個等質量的定義之後，馬上就可以發現其中一個定律。且看下面的例子。

假如我們從上述做過的實驗中得知，（材質分別為銅跟鋁的）A 跟 B 兩塊物質的質量相同，然後我們可以拿出第三塊物體來，假設是一金塊，並以前述的方式拿它與銅塊比較，逐步增減調整大小之後，最後金塊的質量也跟銅塊的質量相同。然後我們再以實驗來比較該金塊跟原來那塊鋁質物體。邏輯上**這些**物體的質量並無相等的必要，但是**實驗**結果告訴我們，它們的確相等。所以我們從此實驗中發現了一個新的定律。該新定律可以這麼陳述：如果有兩個質量各自分別跟第三個質量相等的話（利用本實驗中的相等速率做為依據），則這兩個質量就彼此相等。（雖然這個陳述跟一項關於**數學**量的公設很相似，我們並**不能**從那個數學公設推導出這個關於質量的陳述。）從此例我們可以看出，如果不很小心的話，我們會很容易推斷出一些不見得跟事實相符的事情來。

當我們說若速率相等，則質量也就跟著相等時，我們並**不**只是在下一個定義，因為在說質量相等時，就意味著數學上量值的相等，也就意味著能夠對於一項實驗預測其結果為何。

另一個例子是，假設我們用某一特定的爆炸強度，發現了 A 跟 B 飛出去的速率相同，因而下結論說 A 跟 B 的質量相等。然後我們增強爆炸強度，那麼它們飛出去的速率是否仍然相同呢？同樣的，光靠邏輯不能解答這個問題，但實驗顯示兩者的速度還是一樣，也就是它們的質量**確實**仍然相同。所以我們又有了一個定律，可以這

樣陳述：如果兩個物體由於在此項實驗中具有某相同速率，而被認為質量相等，若它們以其他速率飛出去，則測得的速率仍然會相等，也就是它們的質量仍然相等。從以上兩個例子可以看出來，雖然看起來只是一個定義，實際上牽涉到數個物理學定律。

以下我們將假設兩個相等質量因爆炸而分開時，兩者運動的方向相反，而速率相同。反過來，我們也將假設以下的情況成立：如果有兩個完全相同的物體，以相反的方向以及相同的速率運動，兩者碰撞之後由於某種膠而黏在一起，那麼碰撞之後，它們會往哪裡運動呢？這又是一個左右對稱的情況，所以我們假設它們結合之後靜止不動。我們也還會假設，任何兩個物體，即使它們是由不同材料所做的，當它們以相反的方向與相同的速率碰撞在一起而黏起來時，它們在碰撞之後就會停了下來。

10-3　動量是守恆的！

上一節的假設都可以用實驗來證明：首先，如果兩個質量相等且靜止的物體由於爆炸而分開時，它們會以相同的速率、各自往相反方向飛出去。其次，如果兩個質量相等的物體以相同的速率、各朝向對方飛過去，而且碰撞之後黏在一起不分開，那麼它們會在碰撞後停止下來。

在做這些實驗時，爲了克服空氣摩擦，我們可以利用一種叫做空氣槽（air trough）＊ 的了不起新發明（見圖 10-1）。當年伽利略爲摩擦問題傷透了腦筋，一直沒法子解決。由於摩擦，物體無法自由

＊ 原文注：參見 H. V. Neher and R. B. Leighton, *Amer. Jour. of Phys.* 31, 255 (1963)

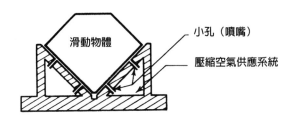

圖 10-1　直線空氣槽的側面圖

滑行，所以他沒能用物體滑動的方式來做實驗，證明他的動者恆動
理念。但是今天我們有了巧妙的空氣槽，可以消除摩擦，在槽中滑
動的物體幾乎以等速沿著一條直線無止盡的滑下去，就像伽利略當
年所想像的那樣。

　　實際的辦法是以空氣來支撐物體，由於空氣的摩擦非常微小，
在空氣上滑動的物體在沒有外力的情況下，可以說是以固定速度滑
動。我們首先得仔細選出兩塊有著相同重量或質量的物體（事實上
我們稱量的是它們的重量，但我們知道重量跟質量有成正比的關
係），然後在它們之間安裝一個密封的圓筒，裡面放著玩具槍所用
的火藥（見圖 10-2）。實驗開始之前，我們把整套包括這兩個物體

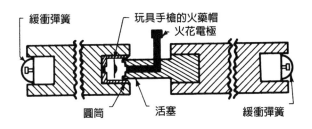

圖 10-2　一對滑動物體以及居中炸藥反應圓筒的剖面圖

以及其間的引爆裝置，靜止放在空氣槽軌道的中心點，然後我們用電火花引爆火藥，推開這兩塊物體。接下來會發生什麼事情呢？簡單的說，如果兩物體飛開時的速率相同，那麼它們就應該同時到達軌道的兩個端點。在分別抵達兩端時，物體前頭的緩衝彈簧裝置，會讓它們各自掉轉頭來，以相同的速率倒彈回去，再一起滑到軌道的正中心點，兩物體碰到之後會原地停下來，看起來就像完全不曾動過一般。這是一個很好的簡單試驗，實驗結果跟以上描述完全吻合（見圖 10-3）。

緊接著我們想瞭解的是在另一個比較不那麼簡單的情況下，會有怎樣的結果？假如我們有兩個質量相等的物體，開始時其中一個物體以速率 v 前進，另一物體則靜止不動，兩者碰撞之後黏到了一塊，那麼接下來會是如何？我們知道它們結合之後的共同質量為 $2m$，應該會以某一未知的速度運動，那麼這個速度是多大呢？這就是我們想解答的問題。

為了求出答案，我們將做以下假設：無論我們是在等速前進的車子裡，或是靜止不動，我們所看到的物理定律是完全一樣的。

從上一節我們還知道，兩個質量相等的物體各以相同的速率 v

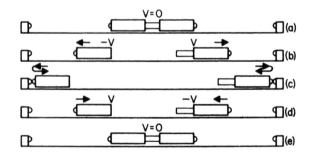

圖 10-3　兩個相等質量的作用與反作用實驗的示意圖

對準了對方前進，一旦撞上之後，雙方會即刻停下來。現在我們假設，在上述實驗進行的同時，我們這些旁觀者坐在一部汽車上，以 $-v$ 的速度前進，那麼我們會看到怎樣的景象呢？由於我們跟其中的一個物體，以同樣的方向與速率運動，所以該物體在我們看來，速度為零。而另一個質量原先是以速度 v 前進，但由於它跟我們車子運動的方向剛好相反，坐在車上的我們，覺得它衝著我們而來的速度是 $2v$（見圖 10-4）。

最後，在碰撞結合之後而停下來的那一大塊物體，對車上的我們來說並未停止，卻是以速率 v 在我們眼前經過。所以我的結論是：有一個速度為 $2v$ 的物體，撞上了另一個質量相同的靜止物體，兩個物體結合之後會以速度 v 繼續前進。

就數學而言，我們可以把上面的陳述改成：有一個速度為 v 的物體，撞上了另一個質量相同、靜止不動的物體，兩個物體結合之後會以速度 $v/2$ 繼續前進。另外我們也注意到，碰撞之前兩個物體的動量（質量乘以速度）若是加起來，我們得到的是 $mv + 0 = mv$，而在碰撞之後它們的動量等於 $(m + m)(v/2) = mv$，和碰撞之前的一樣。所以我們得知當一個速率的物體撞擊到另一個靜止不動

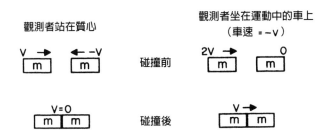

圖 10-4　兩個相等質量之間，非彈性碰撞的兩種觀點。

的物體所會發生的情況。

我們可以採用同樣的方式，推導出兩個質量相等的物體，若以**任意**兩個速度相撞，所發生的後果。

假設有兩個質量相等的物體，分別以速度 v_1 跟 v_2 前進，碰撞之後黏到一起，那麼碰撞之後它們的共同速度 v 該是多少呢？我們還是和以前一樣坐在汽車裡，這次我們選擇跟著速度為 v_2 的物體走，使得該物體對我們來說，是靜止不動的，而另一個物體的速度對我們來說，則變成了 $v_1 - v_2$。這樣一來，就跟我們先前的情形完全一樣——那就是在碰撞之前，有兩個質量相等的物體，一個靜止不動，一個物體以 $v_1 - v_2$ 朝對方移動。套用前面的結果，我們知道碰撞結合之後，相對汽車而言，它們會以 $\frac{1}{2}(v_1 - v_2)$ 的速度繼續前進。

但是相對於地面來說，碰撞後的速率 v 又該是多少呢？應該是 $v = \frac{1}{2}(v_1 - v_2) + v_2 = \frac{1}{2}(v_1 + v_2)$（見圖 10-5）。

這次我們又注意到，碰撞前後的動量依然相等：

$$mv_1 + mv_2 = 2m(v_1 + v_2)/2 \tag{10.6}$$

圖 10-5 兩個相等質量之間，另一次非彈性碰撞的兩種觀點。

　　所以，我們只要利用這個原理，就能夠分析兩個相等質量的物體，相撞之後會黏在一起的任何碰撞。雖然前面我們所示範過的例子都只局限在一條直線上，也就是一維空間內，事實上，我們只要想像坐在一輛車子裡，但此車子的運動方向與物體運動方向夾了某個角度，在這種情況下，我們也可以分析出遠更爲複雜的碰撞情況。原理完全相同，只是稍微複雜一些罷了。

　　爲了用實驗證實，一個以速度 v 前進的物體，碰撞到另一個質量相等的靜止物體，兩者結合後的速度果眞爲 $v/2$，我們可以利用前述的空氣槽設施，做以下這個實驗：我們把三個質量相同的物體放進槽內，其中頭兩個物體一開始就連接在一起，並且在它們中間安裝好前述的炸藥圓筒設備；第三個物體則放在第二個物體的旁邊，非常靠近卻沒有接觸，並且在側面裝上塗了膠水的緩衝器，只要另一個東西碰上來，就會黏在一塊。現在我們引爆炸藥，使得質量同爲 m 的第一、二個物體，以相同速率 v 朝相反方向前進。瞬間之後，第二個物體撞上了第三個物體，黏成了一塊質量爲 $2m$ 的物體，根據前面的推論，這個物體應會以速度 $v/2$ 繼續前進。

　　那麼我們要如何才能測試出來，它的速率的確是 $v/2$ 呢？很簡單。我們可以在實驗開始之前，適當的安排三個物體的位置，讓第一個物體與空氣槽軌道盡頭之間的距離，跟第三個物體與空氣槽軌道另一頭之間的距離，兩距離爲 2：1。如果爆炸後，第一個與第二、三個物體同時分別抵達軌道的兩端，證明了在同一時間內，第一個物體跑過的距離，正好是第二、三個物體跑過的距離的兩倍。前者的速率若是 v，後者的速率當然就是 $v/2$。（實際上，我們必須將第二個物體與第三個物體之間的一點小間隙 Δ 考慮進來。）總之，質量爲 m 的物體與質量爲 $2m$ 的物體應該同時抵達端點。而實驗的結果也正是如此（見次頁的圖 10-6）。

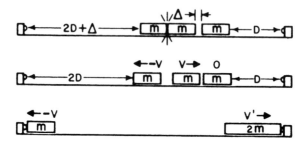

圖 10-6　實驗證明，速度為 v、質量為 m 的物體，在撞擊到另一速度為零的同質量物體之後，兩者結合而成的質量 $2m$，速度會是 $v/2$。

　　其次我們要解決的問題是，如果牽涉到的兩個物體質量並不相同，結果又會是如何呢？讓我們由最簡單的情況出發，先假設它們的質量一個是 m，另一個是 $2m$，中間安裝了我們的炸藥設備，結果會如何呢？如果引爆了之後，質量為 m 的物體的速度為 v，那麼質量為 $2m$ 的物體，飛出去的速度又該是多少呢？

　　我們剛才做過的實驗事實上就可以解答此一問題。我們可以重複一次實驗，只是這回讓間隔 Δ 等於零，我們發現還是得到相同的結果，也就是質量為 m 與質量為 $2m$ 的物體，分別有 $-v$ 與 $\dfrac{v}{2}$ 的速度。所以我們看到，m 跟 $2m$ 之間直接反應的結果，其實和先來一次 m 跟 m 之間的（對稱）反應，隨後加上一次其中一個 m 跟第三個 m 之間碰撞後結合的結果完全一樣。此外，我們發現質量 m 跟 $2m$ 撞到端點的彈簧之後，以（幾乎）同樣的速率反彈回來，再度碰到時，若是黏到一起，它們會即刻在碰撞處停下來。

　　接下來我們可以問的問題是：如果一個質量 m 以速度 v 前進，撞上且黏住一個靜止的質量 $2m$，情況會如何呢？我們只要利

用伽利略相對性原理，便很容易得到答案。我們只需坐上一部速度為 $-v/2$ 的汽車，從車上觀看剛才做過的那個實驗的後半部，也就是兩個質量 m 跟 $2m$ 撞到軌道端點之後反彈回來，到它們互撞結合而停下來的那一段（見圖 10-7）。從車上看到它們碰撞前的速度分別是

$$v_1' = v - v(\text{汽車}) = v + v/2 = 3v/2$$

以及

$$v_2' = -v/2 - v(\text{汽車}) = -v/2 + v/2 = 0$$

而在互撞之後停止下來的 $3m$，從車上看卻是以 $v/2$ 的速度在運動，此速度等於碰撞前 v_1' 的 $1/3$。因此，如果一個質量為 m 的物體撞上且黏住一個靜止的質量 $2m$，結合後的質量 $3m$ 將以質量 m 原來速度的 $1/3$ 繼續向前運動。這個答案仍然符合前述的一般性法則，那就是碰撞前後，各質量與速度的乘積（亦即動量）之總和維持相等：碰撞前動量和為 $mv + 0$，而碰撞後的動量則為 $3m$ 乘以

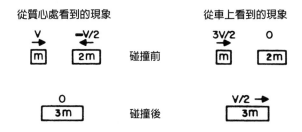

圖 10-7　一質量 m 跟另一質量 $2m$ 之間，非彈性碰撞的兩種觀點。

$v/3$，兩者相等。這又是一個例子，也就是我們目前正在一點一滴的把動量守恆這個定理建立起來。

目前我們已經知道了「一對一」跟「一對二」的情形，接下來我們可以用同樣的方法，預測出一對三、一對四等等的結果。然而如果兩質量比為 2 ： 3 的話，碰撞後的結果又會如何呢？圖 10-8 即為這個情況的分析。

以上所有情況中，我們全無例外的次次都看到在碰撞之前，第一個物體的質量跟速度的乘積，加上第二個物體的質量與速度的乘積，總是等於碰撞之後，結合而成的那個物體的質量與速度的乘積。這些都是符合動量守恆的例子。我們從最簡單且對稱的情況開始，一步一步證明了該定律也一樣適用於比較複雜的情況。事實上我們只要不嫌麻煩，可以同樣證明，在兩物體的質量比為任何有理數的情況下，動量守恆都能成立。即使該質量比為無理數時，也不打緊，因為每個比值都會非常靠近某一個有理數，所以我們可以處理任何質量比，無論我們所要求的精確度有多高，都可以達成。

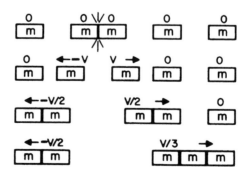

圖 10-8　一質量 $2m$ 跟另一質量 $3m$ 之間的作用與反作用

10-4　動量與能量

以上所舉的例子相當簡單，都是兩物體碰撞之後黏成一塊，或是原本黏在一起，經過爆炸而分成兩個物體。但在許多情形下，物體碰撞之後並**不見得**會黏到一起，例如，兩個質量相等的物體以相等速率迎面碰撞之後反彈了回去。仔細觀測下，我們發現，其間有著幾個步驟：碰撞後有一段很短暫的時間內，它們彼此接觸並且都受到壓縮。在壓縮程度到達最大的那一刹那，兩物體的速度都降到了零，而能量就儲藏在這兩彈性物體中，正如能量儲藏於受壓縮的彈簧內那樣。這些能量是那兩物體碰撞之前原有的動能，這項動能在物體由於碰撞而停止下來的那一刻變成了零。不過，這種動能消失的狀態只是暫時的。物體這種壓縮的狀態就類似於之前在爆炸中釋放能量的火藥，所以物體就在一種類似爆炸的狀態之下立即減壓，並恢復原狀，使得兩物體飛離開來。

我們已經知道，分開時由於雙方質量相等，飛出去的速率相等而方向相反。不過在一般情況下，這反彈飛出去的速率，總是比碰撞之前原先的速率多少要低了一些，原因是上述的反彈爆炸過程中，並非全部動能都會恢復。能夠恢復多少，得看碰撞物的材料。如果材料是油灰（putty），則完全沒有動能會恢復，但是如果材料較剛硬，則動能通常會恢復一些。

在碰撞中，沒有恢復的動能轉換成了熱能與振動能——物體溫度變得較高，並且產生某種振動，這些振動現象並不持久，振動能很快也會全部轉換成熱能。我們可以用諸如鋼之類的高彈性物質來做碰撞體，附帶加上仔細設計的彈簧緩衝器，可以使得碰撞時產生的熱量跟振動非常有限。這樣的情況下，反彈之後的速率就幾乎等

於原先的速率,這種碰撞,稱為**彈性碰撞**(elastic collision)。

在彈性碰撞**前後**,物體的速率會相等這件事,跟動量守恆無關,而是因為**動能**守恆(conservation of kinetic energy)。在對稱碰撞後反彈出去的兩個物體,**彼此**的速率一定相等這件事,則屬動量守恆範疇。

我們也可以用類似的方法去分析,具有不同質量、不同的初速度、以及各種彈性程度的物體間的碰撞,決定出碰撞後各物體的速度,以及動能的損耗,但是我們將不細究這些過程的細節。

彈性碰撞對於內部沒有「齒輪、機輪、或其他零件」的系統而言,特別有意思,為什麼呢?因為發生碰撞時,這類系統沒有地方可以儲藏能量,這種物體在碰撞發生的前後,內部狀態完全沒有改變。所以在這種非常基本的物體之間的碰撞,都是彈性碰撞或非常接近彈性碰撞。比方說,氣體中原子或分子之間的碰撞,一般被人認為是完全彈性碰撞。雖然這樣的看法是一種極佳的近似,但這樣的碰撞也非**完美**的彈性碰撞,否則我們就無法解釋,何以氣體有時可以發出光或熱輻射這些形式的能量。事實上,氣體碰撞時偶爾會放出低能量的紅外線來,不過發生的機率非常小,而且釋放的能量也微不足道。因此,在絕大多數的場合下,氣體分子之間的碰撞,都可視為完全彈性碰撞。

我們現在來瞧瞧,兩個**質量相等**的物體之間的**彈性**碰撞,這個例子很有趣。如果碰撞之前它們彼此朝對方前進的速率相同,則由於對稱的緣故,碰撞反彈之後它們的速率應該相同。現在我們把碰撞情況稍加改變,假設碰撞之前只有一個物體以速度 v 在動,另一物體則靜止不動,那麼碰撞之後,會發生什麼情形呢?

你應該覺得這個問題很眼熟才對,因為我們前面曾經討論過同樣條件下的非彈性碰撞。解決的辦法是,同樣坐上一部跟著其中一

個物體同速率運動的車子，從車子上觀測這次的對稱彈性碰撞。這次的結果是：當原先停止不動的物體被飛來的同質量另一物體碰撞之後，原本以速度 v 在運動的物體停了下來，而原先靜止不動的物體在被撞之後，卻以原來運動物體的速度 v 前進。也就是說，它們只是交換了速度而已。我們很容易用適當的撞擊設備來示範這樣子的現象。一般而言，如果兩個物體都在運動，而且速度不一樣，那麼它們在撞擊後只是互相交換了速度。

　　另一個幾近完美的彈性交互作用的例子，是利用磁來進行的實驗。如果空氣槽實驗裡，我們在兩個滑動物體上，各裝置一 U 型磁鐵，使得它們靠近時會互相排斥。那麼當運動的物體悄悄的接近靜止的物體時，運動的物體就會把靜止的物體推開來，而自己則完全靜止下來。原先靜止的物體現在就會以原先運動物體的速度，無摩擦的往前滑動。

　　動量守恆原理非常有用，因為它使得我們能夠在不曉得細節的情況下，解決許多問題。譬如前述的玩具槍火藥爆炸時，我們並不知道它的氣體運動細節，但是卻能正確的預測，兩個物體分開飛出去的速度。另外一個有趣的例子是火箭推進現象：一艘質量相當大的火箭（質量為 M），以相對於火箭的極高速度 V 向後方噴射出一小塊物質（質量為 m）時，在此之後，如果火箭原先是靜止不動的，則它現在就會以一小速度 v 往前進。利用動量守恆原理，我們可以算這個速度

$$v = \frac{m}{M} \cdot V$$

只要火箭繼續向後方噴射物質，它就會繼續加速。火箭推進現象，實質上跟射擊時槍隻的反衝現象相同：火箭並不需要藉著推壓空氣而前進，火箭在真空中可以靠著噴射出物質而往前進。

10-5 相對論動量

隨著近代物理學的發展，動量守恆已經受到一些修正，不過該定律本身依舊是成立的，所做的修正主要是在東西的定義上面。重要的是在相對論裡，我們發現動量仍舊守恆。運動中的粒子或物體具有質量，而動量還是 mv，即質量乘以速度。但**質量會隨著速度而改變**，以致於動量也受到了影響。物體的質量跟速度的關係如下：

$$m = \frac{m_0}{\sqrt{1 - v^2/c^2}} \tag{10.7}$$

式子中的 m_0 為物體靜止時的質量，而 c 為光速。我們很容易從這個公式看出來，除非 v 很大，m 跟 m_0 不會有顯著的差異，以我們日常的速度而論，動量的式子可以簡化成原本的公式。

在相對論中，一個粒子的動量分量可以寫成：

$$p_x = \frac{m_0 v_x}{\sqrt{1 - v^2/c^2}}$$
$$p_y = \frac{m_0 v_y}{\sqrt{1 - v^2/c^2}} \tag{10.8}$$
$$p_z = \frac{m_0 v_z}{\sqrt{1 - v^2/c^2}}$$

其中的 $v^2 = v_x{}^2 + v_y{}^2 + v_z{}^2$。如果我們把系統中所有發生碰撞的粒子之動量，在 x 方向的分量全部加起來的話，那麼任一次碰撞前後，此動量和維持不變。也就是說，動量在 x 方向上守恆，其實在空間中任一方向上，此守恆律也適用。

第 4 章談到能量守恆律，我們認識到能量有許多不同的形式，包括電能、力學能、輻射能、熱能等等。能量守恆指的是在與外界

隔絕的系統中，所有形式能量的總和會永遠不變。在這些能量形式之中，有些能量，例如熱能，可以說是被「隱藏」起來了。這個例子讓我們懷疑，動量是否也跟能量一樣，有不同的形式，其中也有隱藏的動量，或許是某種熱動量呢？答案是要把動量隱藏起來非常困難，以下將解釋為什麼如此。

熱能，乃是量度物體中原子進行無規運動的程度，相當於其中所有粒子速度的**平方**和，此總和在任何情況下皆為正值，且沒有方向性質。因此不管整個物體是否在運動，熱能都包含於其中，外表看不出來，使得能量守恆變得不明顯。反過來看**速度**的總和，速度本身有方向性，如果加起來的總和在某個方向上不是等於零的話，那麼整個物體必然在某方向上移動，因此很容易觀測到總動量。由於只有當整個物體在運動時，才具有淨動量，也就是物體不會有消失的內部無規動量。因此我們說，動量是一項非常難以隱藏起來的力學量（mechanical quantity）。儘管如此，動量還是**可以**隱藏起來的，例如隱藏在電磁場內，這是相對論的另一個效應。

牛頓提出的主張中有一項是超距交互作用（不必接觸便可產生的交互作用）是**瞬時**。後人發現這個主張與事實並不相符，以牽涉到電力的情況來說，如果位於某處的電荷突然動了，而對另一處的電荷發生了影響，該影響並不是即時的，而是會有一些延遲。在這種情況下，即使前後的力終究會相等（作用力與反作用力相等），但在那延遲的短暫時間內，動量並不守恆。因為第一處的電荷已經感受到了某種反作用力，獲得了一些動量，然而第二處的電荷卻尚未感受到對它的作用力，以致於動量上沒有改變。

原因是，這樣的影響如要通過兩電荷之間的距離，得花點時間，傳遞的速度為每秒 186,000 英里（即光速）。在傳遞影響的這段時間內，粒子的總動量不是守恆的。當然在第二個電荷感受到了

影響而有所反應之後，總動量還是守恆的，不過在這之前，動量顯然並不守恆。我們對此現象的解釋是，在傳遞交互作用的短暫時間間隔內，除了粒子的動量 mv 之外，另外還有一種存在於電磁場中的動量，如果我們把這種「場動量」跟粒子動量加起來，則在任何時刻，動量都是守恆的。

電磁場可以具有動量跟能量這件事實，顯示電磁場是眞實的，不只是一個概念而已，而且我們也因此瞭解到，原先我們認爲粒子彼此直接施力，現在必須修正這種看法。我們現在認爲粒子先製造所謂的「場」，然後由場來影響其他粒子，而場本身也具有一般熟悉的性質，例如能量與動量，就像粒子那樣。現在讓我們再舉一個例子，電磁場可以有波的形態，這些波稱爲光。我們發現光也攜帶動量，當光衝擊物體時，每秒鐘會帶給該物體一些動量，這種情形相當於力，因爲若是受照射的物體每秒鐘吸收了一些動量，則物體的動量勢必有所改變，結果正跟有一力對它作用的情況相同。光衝擊物體時，會對物體造成壓力，此壓力雖然非常微小，但是只要儀器夠精良，就可以測量出來。

不過在量子力學裡面，我們發現動量是種不同的東西，它不再是 mv，原因是我們很難精確定義出粒子的速度究竟是什麼東西，不過動量倒還是存在的。量子力學所帶來的差異是，粒子同時具有粒子跟波的性質，當它被看作是粒子時，動量仍然是 mv，然而當它被看作是波的時候，動量則是以每公分內的波數來量計，波數愈大，則動量愈大。

儘管有這些差異，動量守恆律在量子力學裡仍然成立。雖然量子力學告訴我們，古典力學中的 $F = ma$ 定律並不正確，而且牛頓爲動量守恆所作的推導也是錯的，但是動量守恆律本身，在量子力學中，終究還是正確的！

第 11 章 | 向 量

■ 11-1　物理學中的對稱

11-2　平移

11-3　旋轉

11-4　向量

11-5　向量代數

11-6　牛頓定律用向量表示

11-7　向量的純量積

11-1　物理學中的對稱

這一章我們介紹的主題，物理專業上稱爲**物理定律的對稱性**。這兒所使用的「對稱」一詞，有特殊的意義，因而需要先下個定義。

東西在什麼情況算是對稱的呢？我們又如何定義對稱？如果一幅圖畫是對稱的，意思就是該圖畫的一邊跟它的另一邊有相同之處。**魏爾**（Hermann Weyl, 1885-1955）教授先前曾經如此定義對稱：如果東西經過了某種運作（operation）之後，看起來跟原來完全一模一樣，這東西就是對稱的。比方說，一個左側跟右側對稱的花瓶，以它的垂直中線爲軸，把它轉了180度之後，看起來就跟沒轉動之前一模一樣。魏爾的定義較爲廣泛，我們就用這個定義來討論物理定律的對稱性。

假想我們在某處建造了一部很複雜的機器，其中有錯綜的交互作用，許多球體彼此有作用力，各處撞來撞去等等。然後我們到另一個地方建造了一部完全同樣的機器，每個零件的尺寸大小、擺設的方位，都跟前面那台機器完全一模一樣。兩台機器之間的唯一不同只是側向位移了某個距離而已。我們在同樣的起始情況下同時發動它們。然後我們要問：這兩部機器啓動之後的所作所爲，是否完全一樣？它們的每個動作，是否都會相同且相互完全平行呢？

當然，答案非常可能是**不會**。因爲如果我們選錯地方把機器建在牆壁裡面，牆壁對機器的障礙會使它無法運轉。

我們在物理學上的所有觀念，在運用時需要一些常識判斷；它們並不全然是純粹數學或抽象念頭。當我們說「把機器搬到新位置，一切現象都不變」，我們必須先瞭解這句話究竟是什麼意思。

我們是指：把所有我們認為有關的統統都搬了過去。如果**搬遷**後狀況並非依舊，表示可能有某樣有關的東西沒搬過去，於是我們去找。如果遍尋不著，那麼我們可以宣稱，物理定律沒有這種對稱性。

另一方面，如果物理定律確實具有這種對稱性，我們認真去找，應該就會找出原因來。就如前面的例子，我們四處檢查，發現原來是牆壁擋住了機器的運轉。最根本的問題是，如果我們把每件事物定義得夠精確，如果一切主要作用力都給包含在機器裡面，如果機器的重要零件都搬了過去；那些定律是否仍然依舊？機器會不會按同樣方式運轉？

不消說，我們要做的，只是把機器本身跟主要影響因素移動位置，而非將世上的**每樣東西**——天上的行星、恆星等等——都給搬了過去。如果真是那樣，我們當然會得到同樣的現象，因為跟留在原地沒有兩樣。所以我們不能**每樣東西**都搬動。實際運作時，只要稍微用點腦筋想想該搬什麼，機器就不至於停擺。換句話說，只要我們別把它移到牆裡面，只要我們弄清楚外在力量的來源，安排把這些也搬過去，則這機器到任何地方**都會**照樣運轉。

11-2 平移

我們對力學已有足夠知識，以下分析將限於力學。我們從前面章節已經知道，對每一個粒子來說，力學定律能夠歸納成以下三個方程式：

$$m(d^2x/dt^2) = F_x, \quad m(d^2y/dt^2) = F_y, \quad m(d^2z/dt^2) = F_z \ (11.1)$$

這表示有一套現成辦法來**測量**粒子在三個互相垂直的座標軸上的位

置 x、y、z，以及沿著這三個方向的力，使以上定律成立。但是位置必須從某個原點（origin）開始測量，那麼**我們該把這個原點放在哪兒呢**？

　　牛頓力學首先告訴我們，**總有**某個地方可拿來當原點，使這些定律全都成立。宇宙的中心總可以罷！但是我們馬上可以證明，根本沒有辦法找到所謂的宇宙中心，因為不管我們換到空間哪一個點來當原點，都毫無差異。

　　換句話說，假定有老喬跟老莫兩位人士，各有自己的座標系，相互平行，有不同的原點（見圖 11-1）。當老喬測量空間某一定點的位置，得到的數據是 x、y、z（通常我們不把 z 畫出來，免得搞糊塗）。老莫測量同一點的座標，為了區分，標示成 x'、y'、z'。x'跟老喬的 x 不一樣，其間有個差距 a，原則上，y' 可以跟 y 不同，但本例中兩者數值相同：

$$x' = x - a, \quad y' = y, \quad z' = z \tag{11.2}$$

　　為了作完整分析，我們必須知道，老喬跟老莫測量到的力又各

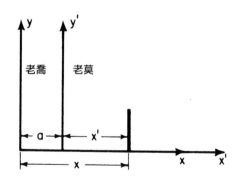

圖 11-1 兩個平行的座標系

會如何？我們知道力都有方向，可以拆開成爲 x、y、z 三個方向上的分力。等於該力原來的大小乘以「該力之方向與該座標軸之間夾角的餘弦」。由於兩個座標系平行，力在三個座標軸的投影（夾角）都相同，因而我們得到一組方程式：

$$F_{x'} = F_x, \qquad F_{y'} = F_y, \qquad F_{z'} = F_z \qquad (11.3)$$

而這些就是老喬跟老莫各自看到的三個分力的彼此關係。

　　問題是，如果老喬已經知道牛頓定律，而老莫在他的座標系中嘗試把牛頓定律寫下來，是否依然正確呢？這些定律會因爲選擇不同的測量原點而有所不同嗎？

　　換句話說，如果(11.1)式都正確，而且(11.2)式與(11.3)式界定了兩套測量值之間的關係，那麼下面這組方程式是否成立？

$$\begin{aligned}
&(a) \qquad m(d^2x'/dt^2) = F_{x'} \\
&(b) \qquad m(d^2y'/dt^2) = F_{y'} \qquad\qquad (11.4) \\
&(c) \qquad m(d^2z'/dt^2) = F_{z'}
\end{aligned}$$

　　爲了測試這幾個方程式，我們得把 x' 的式子微分兩次，首先是

$$\frac{dx'}{dt} = \frac{d}{dt}(x - a) = \frac{dx}{dt} - \frac{da}{dt}$$

此處我們得假設，老莫的原點對老喬的座標系來說，是固定不動的，因而兩原點之間的距離 a 是常數，也就是 $da/dt = 0$，我們得到

$$dx'/dt = dx/dt'$$

因此

$$d^2x'/dt^2 = d^2x/dt^2$$

如此一來，(11.4a)式就變成了

$$m(d^2x/dt^2) = F_{x'}$$

（此處我們還得假定，老喬跟老莫兩人所測量到的質量相同。）因此，兩個座標系中，質量與加速度的乘積相同。我們把它代入 (11.1)式，就可得到

$$F_{x'} = F_x$$

所以，老莫觀察到的牛頓定律跟老喬的絲毫沒有差別。雖然老莫的座標系不同，牛頓定律仍然成立。這意味著，不論我們從何處觀測，定律看起來都完全一樣。因此我們無法用唯一的方式去定義出世界的原點。以下敘述也會成立：如果某個地方有部儀器裡面有某種機件。這部儀器搬到另個地方，運作方式仍然相同。為什麼呢？因為我們把同一部儀器，分別交由老喬跟老莫兩人來分析，則裡面牽涉到的所有方程式，在兩人眼裡都完全一樣。**方程式**既然相同，表現出來的**現象**也就一致。

所以說，去證明一部儀器在**搬家**前後功能不變，跟去證明一些方程式在空間中位移前後不變，是同樣的一個道理。因此，我們說**物理定律在平移之下是對稱的**。這裡所謂的對稱，所指的是物理定律不會因為座標系的平移而有所不同。當然我們光憑直覺，老早就知道是這個樣子！但是我們探討它的數學也滿新鮮有趣。

11-3 旋 轉

上面我們討論的，只是「物理定律的對稱性」這一系列命題的開場白，往後會愈來愈複雜。下一個命題是，不管我們怎麼選擇軸

的**方向**，結果都會一樣。換句話說，如果我們在某處建造了一台儀器，看它如何運轉之後，在旁邊又建造了一台同樣的儀器，但是兩台儀器間有了一個角度，第二台儀器是否也以同樣方式運轉呢？如果是一座舊式有鐘擺的時鐘，顯然就不會！原因是擺鐘直立的時候，才會正常運轉。若是擺鐘傾斜了，則鐘擺會碰到鐘盒，就會停擺。因此以上的理論對於擺鐘來說不成立，除非把地球也納入考慮，因為地球對鐘擺有拉力。

所以如果我們相信物理定律對於旋轉（rotation）有對稱性，我們就可以對於擺鐘做以下的預測：一個擺鐘的運作，除了得依賴內部機械之外，還必然會牽涉到外在因素，我們應該去找出這些外在因素。我們也可以預測，如果擺鐘與這個造成不對稱的神祕因素（很可能就是地球）的相對位置有了變化，擺鐘的運轉就會前後不同。

沒錯，我們知道，這種時鐘放到人造衛星上，鐘擺就不會擺動了，因為失重。到了火星上，它的擺動速率會跟在地球上不同。所以擺鐘的運作除了和內部機件有關之外，**的確**還牽涉到某種外在因素。一旦發現了這項因素，我們就明白如果我們轉動了擺鐘，我們也必須轉動地球，結果才會一樣。當然我們不必傷腦筋如何轉動地球，只消等一會兒，地球就會自己轉過來，那麼擺鐘就會在新的位置和以前一樣的開始滴答走動了。

隨著地球旋轉，當然我們的角度不斷在變。然而我們不以為意，因為不論地點新舊，一切似乎如常。這點容易令人困惑，因為在旋轉前和旋轉後，物理定律都一樣，這點是成立的；但是，當我們**正在旋轉**一件東西的時候，它所遵循的定律和它不在旋轉時所遵循的定律，並**不會**相同。如果測量夠精準，我們就知道地球**一直在轉動中**，而不是轉動過後又停了下來。換句話說，我們測不到地球

的絕對角度，但是知道角度不斷在變。

　　現在我們可以討論角度取向對物理定律有什麼影響。我們再用老喬跟老莫的例子看看是否能得到同樣的結果。這回為了避免不必要的困擾，我們可假設老喬跟老莫選用了同一原點（因為前面我們已經證明過，原點平移之後不會造成差異）。我們再假設老莫的座標軸跟老喬的座標軸之間相差一個角度 θ，如同圖 11-2 就只有 x 與 y 二維空間而已。考慮任一點 P，它的位置在老喬的座標系中是 (x, y)，而在老莫的座標系中則是 (x', y')。如同以前一樣，把 x' 跟 y' 分別變換成以 x、y 與 θ 代表的函數。做法是先從 P 點分別向四座標軸畫四條垂線，再畫一條直線 AB，與 PQ 垂直。

　　可以看出 x' 可寫成 x' 軸上兩段長度之和，而 y' 則可寫成是在 AB 線上兩段長度之差。在(11.5)式裡，這幾條線段都可分別用 x、y 與 θ 來表示。另外再加上一個 z 軸方向的式子。

$$x' = x \cos \theta + y \sin \theta$$
$$y' = y \cos \theta - x \sin \theta \qquad (11.5)$$
$$z' = z$$

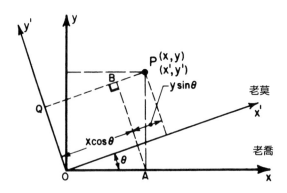

圖 11-2　角度取向不同的兩個座標系

接下來的步驟是依照同樣的老方法，去分析兩位觀測者所看到的力彼此有何關係。先假定有個力 F，已經解析成為兩個分量 F_x 與 F_y（由老喬所見）。此力作用在質量為 m 的粒子上，位置是在圖 11-2 中的 P 點上，我們平移座標軸，把 P 設為原點，如圖 11-3 所示。

老莫所看到 F 的分量分別是 $F_{x'}$ 與 $F_{y'}$。F_x 在 x' 軸與 y' 軸上都有分量，F_y 也是一樣。如果我們要以 F_x 與 F_y 去表示 $F_{x'}$，我們可以把沿著 x' 軸的分量加起來。我們也可以用同樣的方式以 F_x 與 F_y 去表示 $F_{y'}$，得到的結果就是

$$
\begin{aligned}
F_{x'} &= F_x \cos\theta + F_y \sin\theta \\
F_{y'} &= F_y \cos\theta - F_x \sin\theta \\
F_{z'} &= F_z
\end{aligned}
\tag{11.6}
$$

此處我們注意到一個有趣的意外，而且極端重要。那就是 (11.5) 跟 (11.6) 兩組方程式，雖然分別是 P 點座標變換與力 F 的分量變換，**兩者的形式完全一樣**。

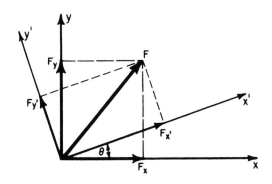

圖 11-3　兩個座標系中同一力的分量

假定牛頓定律跟先前一樣,在老喬的座標系中成立,可由同樣的(11.1)式來代表。然後我們要問,在老莫的轉了一個角度的座標系中,牛頓定律是否依然屬實?換句話說,如果我們同意(11.5)式與(11.6)式確是兩個座標系測量值之間的換算關係,那麼以下這組方程式是否也一併成立?

$$m(d^2x'/dt^2) = F_{x'}$$
$$m(d^2y'/dt^2) = F_{y'} \qquad (11.7)$$
$$m(d^2z'/dt^2) = F_{z'}$$

為了測試這些方程式,我們可以分別計算等號的左右兩邊,然後比較兩邊的結果。讓我們先處理左手邊,把(11.5)式兩邊同乘以 m,再對時間微分兩次,其間我們假設 θ 是為定值,於是

$$m(d^2x'/dt^2) = m(d^2x/dt^2)\cos\theta + m(d^2y/dt^2)\sin\theta$$
$$m(d^2y'/dt^2) = m(d^2y/dt^2)\cos\theta - m(d^2x/dt^2)\sin\theta \qquad (11.8)$$
$$m(d^2z'/dt^2) = m(d^2z/dt^2)$$

其次我們處理(11.7)式的右手邊,把(11.1)式代入(11.6)式,於是

$$F_{x'} = m(d^2x/dt^2)\cos\theta + m(d^2y/dt^2)\sin\theta$$
$$F_{y'} = m(d^2y/dt^2)\cos\theta - m(d^2x/dt^2)\sin\theta \qquad (11.9)$$
$$F_{z'} = m(d^2z/dt^2)$$

你看!(11.8)式跟(11.9)式的右手邊完全相同。所以結論是,若牛頓定律在一座標系成立的話,在另一座標系一樣能成立。

這個結論,針對座標軸的平移跟旋轉已經證實成立了,有以下影響:第一,沒有人能說他的座標系是獨一無二的,當然有時候某一座標軸的選擇更**容易**解決某些問題。比方說,重力的方向與某座

標軸平行比較方便，然而並不是物理上非如此不可。第二，這結論
也告訴我們，任何一個完全自足、不假外求的機器，只要產生各種
力的設備都在，旋轉了一個角度之後，運作方式不變。

11-4　向　量

其實不僅牛頓定律，就我們今天所知，所有其他物理定律也都
具有這兩種不變性質（所謂對稱性），不受座標軸平移與座標軸旋
轉的影響。這兩個性質如此重要，科學家甚至發展出一套數學技巧
來描述與使用物理定律，以充分運用這兩種對稱性。

我們前幾節所做的分析用到很麻煩的數學運算。爲了減少分析
此類問題的瑣碎細節，科學家設計了一套非常有用的數學機制。這
套系統稱做**向量分析**（vector analysis），而本章的標題即源自於此。
不過嚴格說來，本章的重點其實是物理定律的對稱性。我們先前的
分析方法得到了所企盼的結果。但是實務上我們希望能做得更容
易、更快速些，因此我們要使用向量技巧。

一開始我們就注意到，物理學上有兩種很重要的量（其實不只
兩種，我們姑且先從這兩種開始），各有其特殊性質。

其中一種有如袋子裡面洋芋的數目，我們稱之爲普通量、無方
向的量、或**純量**。溫度也是這種純量的例子。另外一種物理量則具
有方向性，譬如說，速度：我們不但要知道他的速率有多快，還得
隨時留意他往哪個方向跑。動量與力都有方向性，位移也不例外。
某人從某一地走向另一地時，我們可以只測量出他走了多遠。不過
如果我們要知道他去了**哪裡**，就一定得指出方向來。

一切具有方向的量，例如在空間中位移了一步，我們都稱之爲
向量。

　　一個向量有三個數字來表達。爲了代表從原點跨出了一步，走到位於(x, y, z)的某一特殊定點 P，我們得用三個數字，但是人們發明了一個單一的數學符號 **r**，來代表這個量。★

　　這個符號**不是**單一個數字，而是代表了 x、y、z **三個**數字。雖說是三個數字，卻不限定於**那**三個數字，因爲一旦我們改用另一套座標系，就成了 x'、y'、z' 另外三個數字。

　　不過爲了保持數學簡單，我們用**同一個符號 r** 來代表這兩組不一樣的數字。也就是說，在用原來那個座標系的時候，它代表的是(x, y, z)，換用另一個座標系時，它代表的數字就成了(x', y', z')。這樣做的優點是，當我們改用另一個座標系時，就無須更改方程式裡面的任何字母或符號。如果我們在某一座標系用 x、y、z 寫下的方程式，到了另一座標系就要改成 x'、y'、z'的方程式。現在只要用 **r** 來表示即可，因爲它在某一座標系中代表了(x, y, z)，到了另一座標系就代表(x', y', z')，以此類推。

　　在既定的座標系中，這一組三個數字稱爲這個向量在三個座標軸方向的**分量**。綜上所述，我們是用同一個符號來代表**同一物體**，只是在不同座標系的**不同座標軸**上讀到的數值不同而已。之所以能說它是「同一物體」，表示物理直覺裡，空間中挪動一下本就是件事實，跟我們測量到的分量各多少無關。所以無論我們怎麼樣去旋轉那些座標軸，符號 **r** 代表同一樣東西。

　　現在我們假設另有一種具方向性的物理量，不管它是什麼量，和力一樣，有三個數字來表示。而且這三個數字在我們變換座標軸

★原注：這跟我們以往用過的數學符號都不一樣，在印刷品裡面，我們用粗體字來代表，手寫時則在符號上方劃上一根橫向的箭頭，如 $\overrightarrow{r}$。

時，會依照一定的數學法則變換成其他三個數字。這個變換法則必須就是先前把(x, y, z)轉變成(x', y', z')的同一法則。換句話說，任何物理量若有三個數字，且這三個數字的座標變換方式和「空間中挪一步」的分量的變換方式相同，則這物理量就是向量。

任何像 $\mathbf{F} = \mathbf{r}$ 的方程式，一旦它在某一個座標系裡成立，就會在**所有**座標系都成立。上面這個方程式當然就代表下面這三個方程式：

$$F_x = x, \qquad F_y = y, \qquad F_z = z$$

到另一座標系中就代表著：

$$F_{x'} = x', \qquad F_{y'} = y', \qquad F_{z'} = z'$$

一旦某物理關係能夠以向量方程式表示，就保證了該關係不會因座標系旋轉而變化。這正是向量在物理學這麼好用的原因。

現在讓我們來看看向量具有哪些性質。我們舉例說明向量時，常常提到速度、動量、力、加速度等等。為了種種目的，我們常用箭頭的指向來表達向量及其作用方向。那麼為什麼我們可以用一根箭頭來代表力或其他向量呢？原因不外是它跟「空間中挪一步」有相同的數學變換性質，所以我們就用圖形來表示，任選一個合適的長度來代表一單位，箭頭的長度則代表量的大小。

以力為例，一單位就是一牛頓。一旦這樣做了，所有的力可以一概用長度來表示，因為像 $\mathbf{F} = k\mathbf{r}$ 這樣的方程式（其中 k 是某個常數），完全是合情合理的。如此一來，我們始終可以用帶箭頭的線段來代表力，畫下帶箭頭的線段之後，就不再需要座標軸了，方便許多。當然，座標軸一旦旋轉，我們可以很快算出三個分量，因為那只是幾何問題罷了。

11-5   向量代數

現在我們必須談談組合向量的幾種不同方式，與所涉及的定律或定則。第一種組合方式是兩個向量的**加法**：假設 **a** 是一個向量，它在某特定的座標系中有三個分量(a_x, a_y, a_z)，而 **b** 是另一個向量，它在同一座標系中有三個分量(b_x, b_y, b_z)。現在讓我們「發明」三個新數字，那就是$(a_x + b_x, a_y + b_y, a_z + b_z)$。這些數字是否也能構成一個向量呢？

有人可能會認為：「對呀！它們是三個數字，而任何三個數字就能構成一個向量。」錯了！**並非**每三個數字就能構成一個向量！要成為向量，除了必須有三個數字之外，我們旋轉座標系時，這三個數字還必須遵照前面敘述過的精確變換規則，分解到各個方向，再整併成新的分量。

要問的是，如果我們把座標系旋轉了一下，(a_x, a_y, a_z)頓時變成了$(a_{x'}, a_{y'}, a_{z'})$，而(b_x, b_y, b_z)也變成了$(b_{x'}, b_{y'}, b_{z'})$。那麼$(a_x + b_x, a_y + b_y, a_z + b_z)$在同樣的座標系旋轉之後，會變成了什麼呢？它們是否會變成了$(a_{x'} + b_{x'}, a_{y'} + b_{y'}, a_{z'} + b_{z'})$？答案當然是肯定的，因為(11.5)式裡的基本變換，構成了我們所謂的**線性**（linear）變換。如果我們把這些變換關係應用到 a_x 與 b_x 上去求 $a_{x'} + b_{x'}$ 的時候，就會發現變換過後的 $a_x + b_x$，確乎與 $a_{x'} + b_{x'}$ 相同。當 **a** 與 **b** 以此種方式「加在一起」時，會構成一個向量，我們稱之為 **c**。其間關係寫下來就是

$$\mathbf{c} = \mathbf{a} + \mathbf{b}$$

而 **c** 還有一項有趣的性質就是，

$$c = b + a$$

這點我們從它的分量一眼就可看出來。因此，

$$a + (b + c) = (a + b) + c$$

我們可以用任何順序把向量加起來，結果不變。

那麼 a + b 的幾何意義是什麼呢？在一張紙上，用兩根帶箭頭的線段來代表 a 與 b，c 會是什麼長相呢？答案在圖 11-4。我們發現把 a 與 b 的各分量加起來最快捷的方法，就是把代表 a 的兩個分量所構成的長方形，跟代表 b 的兩個分量所構成的長方形，按照圖中方式連接起來。

因為 b 剛好是它那個長方形的對角線，所以看起來就好像把代表 b 的箭頭的「尾端」，銜接在代表 a 的箭頭的「尖端」上，然後從 a 的「尾端」跟 b 的「尖端」之間，畫一根新箭頭，也就是 c。由於幾何學上平行四邊形的特性，我們也可以反過來，把代表 a 的「尾端」銜接在代表 b 的「尖端」上，而得到同樣的 c。請注意！

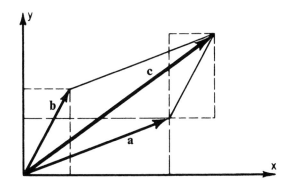

圖 11-4　向量的加法

我們用這種方式求向量和時，完全不用任何座標軸。

假如我們要用某個數 α 來乘以一個向量，這又意味著什麼呢？我們**定義**這樣會是一個新向量，其三個分量分別為 αa_x、αa_y、αa_z。請同學自己去證明它**是**向量。

現在讓我們考量向量減法，可以依照加法的辦法，只是以減來代替加而已。或者，可以定義一種負的向量，也就是 $-\mathbf{b} = -1\mathbf{b}$，把它們個別的分量加起來結果會完全一樣。見圖 11-5，圖中表達的是 $\mathbf{d} = \mathbf{a} - \mathbf{b} = \mathbf{a} + (-\mathbf{b})$。我們還看出來，兩個向量之差 $\mathbf{a} - \mathbf{b}$ 很容易就經由相等的關係式 $\mathbf{a} = \mathbf{b} + \mathbf{d}$ 求取出來。所以求差其實比求和更簡單：只要從 $\mathbf{b}$ 的尖端到 $\mathbf{a}$ 的尖端畫一根向量，就是 $\mathbf{a} - \mathbf{b}$ 啦！

接下來我們要討論速度。速度為什麼是向量？如果一個點的位置是由三個座標值(x, y, z)來表示的話，速度又該如何表示？速度是由 dx/dt、dy/dt、dz/dt 決定的。那它究竟是向量呢，抑或不是？

我們可以把(11.5)式微分，看看 dx'/dt 是否以正確的方式**變換**。結果是肯定的，dx/dt 與 dy/dt 的變換跟 x 與 y 的變換遵循同樣的定則，所以這些對時間的導數確實是向量。也就是說，速度**是**向量。

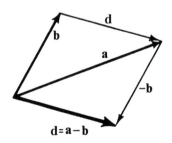

圖 11-5　向量的減法

我們可以把速度寫成如下滿有意思的形式

$$\mathbf{v} = d\mathbf{r}/dt$$

　　我們也可以利用圖解方式更深刻瞭解速度是什麼，以及爲何速度是向量。某個粒子在一段很短的時間 Δt 內移動了多遠？答案是 $\Delta \mathbf{r}$。那麼如果某個粒子此刻「位於此」，待會兒又「位於彼」，我們說它的位置向量差是 $\Delta \mathbf{r} = \mathbf{r}_2 - \mathbf{r}_1$，圖 11-6 所顯示的就是粒子運動的方向。我們把 $\Delta \mathbf{r}$ 用時間間隔（即 $\Delta t = t_2 - t_1$）去除，就是「平均速度」向量。

　　換句話說，我們所說的向量速度，是指當 Δt 趨近於 0 的時候，在 $t + \Delta t$ 與 t 時間點的兩個徑向量之差，除以 Δt 之後的極限：

$$\mathbf{v} = \lim_{\Delta t \to 0} (\Delta \mathbf{r}/\Delta t) = d\mathbf{r}/dt \qquad (11.10)$$

速度是兩個向量的差，所以它也是個向量。速度這樣定義是對的，因爲它的分量是 dx/dt、dy/dt、dz/dt。事實上，從以上討論我們

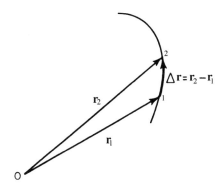

圖 11-6　一個粒子在一段短時間間隔 $\Delta t = t_2 - t_1$ 內的位移

可推斷，如果把**任何**向量對時間微分，會得到新的向量。

　　總結起來，我們有幾個得到新向量的方式：(1) 乘以一個定值，(2) 對時間微分，(3) 兩個向量相加或相減。

11-6　牛頓定律用向量表示

　　爲了要用向量表示牛頓定律，我們尙需要定義加速度向量，也就是速度向量的時間導數。我們很容易證明，它的分量就是 x、y、z 對 t 的二次導數，即

$$\mathbf{a} = \frac{d\mathbf{v}}{dt} = \left(\frac{d}{dt}\right)\left(\frac{d\mathbf{r}}{dt}\right) = \frac{d^2\mathbf{r}}{dt^2} \tag{11.11}$$

$$a_x = \frac{dv_x}{dt} = \frac{d^2x}{dt^2}, \quad a_y = \frac{dv_y}{dt} = \frac{d^2y}{dt^2}, \quad a_z = \frac{dv_z}{dt} = \frac{d^2z}{dt^2} \tag{11.12}$$

使用這個定義，牛頓定律可寫成以下的形式：

$$m\mathbf{a} = \mathbf{F} \tag{11.13}$$

或

$$m(d^2\mathbf{r}/dt^2) = \mathbf{F} \tag{11.14}$$

　　現在的問題是，要證明牛頓定律在座標旋轉之下不變的話，我們得先證明 $\mathbf{a}$ 是一個向量，這點我們剛才已經做到了。然後還得證明力 $\mathbf{F}$ 也是一個向量，這點我們姑且就**假設**它是好了。所以如果力是向量，而由於我們知道加速度也是向量，那麼(11.13)式在任何座標系裡都會相同。

　　寫下方程式而不需要具體寫出 x、y、z 的優點就是，以後我

們寫牛頓定律或是其他物理定律時，不需要每次都得把**三個**定律方程式都寫出來。而只要寫出**一個**代表定律的方程式即可，當然，它到了任何座標系裡，仍然代表一組三個定律方程式，因為只要是向量方程式，就意味著等式兩邊的**各個分量都會各自相等**。

　　加速度是向量速度的變化率。這個認知幫我們在相當複雜的情況下計算出加速度。假定有個粒子正依一條很複雜的曲線在運動（如圖 11-7）：在某一特定時刻 t_1，它具有某一特定速度 $\mathbf{v}_1$；經過了一段短時間之後，到了時刻 t_2，它的速度變成了 $\mathbf{v}_2$。那麼加速度是什麼呢？答案就是很小的時間間隔前後的速度差，除以這時間間隔。那麼我們又如何去求得這個速度差呢？

　　兩個向量相減，只需從 $\mathbf{v}_1$ 的尖端到 $\mathbf{v}_2$ 的尖端畫一根向量（帶箭頭的線段），然後畫一個 Δ 符號，表示向量差就成了，對嗎？**錯了**！那個方法只適用於：兩個相減向量的**尾端**剛好在同一點上。如果向量的尾端並不在一塊兒，直接連接箭頭尖端求取向量差，就不對了。要特別注意！

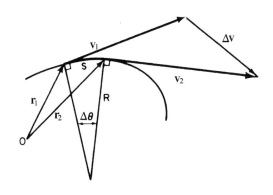

圖 11-7　彎曲軌跡

　　我們必須另外畫一個圖來做向量減法。圖 11-8 把 $\mathbf{v}_1$ 與 $\mathbf{v}_2$ 從圖 11-7 平行搬過來，長度不變，尾端重疊，我們就可以利用圖來討論加速度了。當然加速度不外乎 $\Delta\mathbf{v}/\Delta t$，不過有趣的是，我們可以把這個速度差用兩部分組成，也就是把加速度想像成具有**兩個分量**：如圖 11-8 所示，$\Delta\mathbf{v}_{\parallel}$ 的方向沿粒子運動路徑的切線，而 $\Delta\mathbf{v}_{\perp}$ 的方向則與路徑垂直。其中在路徑切線上的該粒子加速度，當然就是向量**長度**的改變率，也就是**速率** v 的改變率

$$a_{\parallel} = dv/dt \qquad (11.15)$$

　　加速度的另一個分量，與曲線垂直的，很容易就可以從圖 11-7 跟圖 11-8 算出來。在短時間 Δt 內，$\mathbf{v}_1$ 與 $\mathbf{v}_2$ 之間的角度變化，即為圖中所示的小角度 $\Delta\theta$。如果我們把速率的絕對值設定為 v，則

$$\Delta v_{\perp} = v\,\Delta\theta$$

則加速度就是

$$a_{\perp} = v\,(\Delta\theta/\Delta t)$$

　　在此我們需要知道 $\Delta\theta/\Delta t$ 是多少，它可用下述方式求得：我們可以假設在某一瞬間，粒子前進所遵循的曲線差不多跟一段半徑等

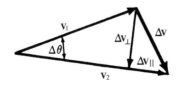

圖 11-8　計算加速度之圖解

於 R 的圓弧相吻合。於是在時間 Δt 內，粒子所經過的距離 s，應該等於 $v\Delta t$，其中 v 是速率，即

$$\Delta\theta = v\,(\Delta t/R) \qquad\qquad \Delta\theta/\Delta t = v/R$$

將此式代入前式後，就可以得到我們以前見過的

$$a_\perp = v^2/R \qquad\qquad (11.16)$$

11-7　向量的純量積

現在讓我們再進一步檢討向量的性質。我們不難看出，空間中挪一步的**長度**，不會因為所使用的座標系有所不同。也就是說，在某一個座標系內，這一步 $\mathbf{r}$ 是以 x、y、z 三個座標值來代表，到了另一座標系變成 x'、y'、z'，跨步的距離 $r = |\mathbf{r}|$ 會仍然維持一樣。我們知道，在頭一個座標系內：

$$r = \sqrt{x^2 + y^2 + z^2}$$

而在另一個座標系內則是

$$r' = \sqrt{x'^2 + y'^2 + z'^2}$$

我們想要證明這兩個量相等。既然雙方都取平方根，為了簡化，我們看兩個距離的平方值，然後看看下列式子是否成立：

$$x^2 + y^2 + z^2 = x'^2 + y'^2 + z'^2 \qquad\qquad (11.17)$$

我們把(11.5)代進上式，左右兩邊果然相同。我們因而知道還有其他類型的方程式，它們在任何兩個座標系都成立。

　　此處涉及一樣嶄新的觀念，亦即我們剛剛計算出來的新的量，這個量是 x、y、z 的函數，叫做**純量函數**（scalar function）。這個量沒有方向性，在兩座標系都相同。從向量可以得到純量。其中的通用規則就是我們剛才在示範的：把三個分量的平方值加起來的和。

　　我們來定義另一樣新玩兒，叫做 **a · a** 。它並不是向量，而是純量，是不會隨座標系改變的數值，我們把它定義爲「向量三個分量的平方和」：

$$\mathbf{a} \cdot \mathbf{a} = a_x^2 + a_y^2 + a_z^2 \qquad (11.18)$$

　　你會問：「用哪一組座標軸呀？」它的值跟座標軸無關，不論是**哪一組座標軸**，它的值全都一樣。於是我們有了一**種**新的量，新的不變量，是由向量「平方」得來的**純量**。針對 a 跟 b 兩個向量，我們定義出下面這個量：

$$\mathbf{a} \cdot \mathbf{b} = a_x b_x + a_y b_y + a_z b_z \qquad (11.19)$$

我們發現這個量，無論是在原來的座標中去計算，或是在新的座標中去計算，數值都維持不變。

　　證明的方法是：我們知道，對於 **a · a**、**b · b**、以及 **c · c**（其中 **c = a + b**）來說，這些值在座標變換下都維持不變。那麼$(a_x + b_x)^2 + (a_y + b_y)^2 + (a_z + b_z)^2$ 這個平方和，也會維持不變：

$$
\begin{aligned}
(a_x + b_x)^2 &+ (a_y + b_y)^2 + (a_z + b_z)^2 \\
&= (a_{x'} + b_{x'})^2 + (a_{y'} + b_{y'})^2 + (a_{z'} + b_{z'})^2
\end{aligned} \qquad (11.20)
$$

把方程式兩邊全都展開後，除了 **a** 與 **b** 的各個分量的平方和外，剩下來的就是跟(11.19)式裡相同的乘積之和。由於(11.18)式平方和維

持不變，剩下來的(11.19)式乘積之和亦是不變。

我們把 **a** · **b** 叫做 **a** 與 **b** 兩個向量的純量積（scalar product），它具有很多有趣、有用的性質。譬如說，我們很容易證明

$$\mathbf{a} \cdot (\mathbf{b} + \mathbf{c}) = \mathbf{a} \cdot \mathbf{b} + \mathbf{a} \cdot \mathbf{c} \qquad (11.21)$$

同時，計算 **a** · **b** 有個簡單的幾何方法，那就是 **a** · **b** 等於 **a** 的長度與 **b** 的長度之乘積，再乘以兩個向量之間夾角的餘弦（$\cos \theta$）。為什麼？假定我們選用一組特別的座標系，它的 x 軸跟向量 **a** 剛好一致。在此情況下，**a** 只有一個分量 a_x，而 **a** 跟 a_x 長度相同。(11.19)式可簡化成為 **a** · **b** $= a_x b_x$。而 $a_x b_x$ 就是 **a** 的長度乘上 **b** 在 **a** 方向上的分量長度，b_x 也就是等於 $b \cos \theta$，所以

$$\mathbf{a} \cdot \mathbf{b} = ab \cos \theta$$

這組特別的座標系裡，我們已經證明了 **a** · **b** 等於 **a** 的長度與 **b** 的長度之乘積、再乘以 $\cos \theta$。**假如該方程式在某座標系成立，則它在其他任何座標系也會成立**，因為 **a** · **b** 之值不會因座標系的選擇而改變，這就是我們的證明。

a · **b** 中間有一個點，又稱為點積（dot product，或稱為內積）。這點積究竟有啥好處？物理學中有哪些情況用得上它呢？其實任何時刻都少不了它。比方說，在第 4 章裡，動能等於 $\frac{1}{2} mv^2$。這個 v^2，應該是速度 v 分別在 x、y、z 三個方向上的分量，自乘之後相加起來的和。因此根據向量分析，動能的公式應該是

$$\text{K.E.} = \tfrac{1}{2}m(\mathbf{v} \cdot \mathbf{v}) = \tfrac{1}{2}m(v_x^2 + v_y^2 + v_z^2) \qquad (11.22)$$

能量不具備方向性。動量則有方向性，它是質量與速度向量的乘積，所以動量仍舊是向量。

　　另一個點積的例子，是由某個力把物體從一處移動到了另一處所做的功。我們尚未定義什麼是功，不過功相當於能量的變化，某個力 **F** 作用了一段距離 s，例如重物被舉上升一段距離：

$$功 = \mathbf{F} \cdot \mathbf{s} \tag{11.23}$$

　　有時候把向量在某一方向上的分量拿出來單獨討論（譬如跟地面垂直的方向，因為是重力的方向）有其方便之處。為了這個目的，我們發明了一樣非常有用的東西，叫**單位向量**（unit vector），它的方向就與我們特別指定的方向一致。

　　稱它為單位向量是因為它與自己之間的點積恆等於一。我們把一個單位向量稱為 **i**，則 $\mathbf{i} \cdot \mathbf{i} = 1$。一旦我們需要某個向量在 **i** 方向上的分量，點積 **a** · **i** 就等於 $a \cos \theta$，即 **a** 向量在 **i** 方向上的分量。

　　如此求取分量很高明，事實上，我們就可以求取**所有**的分量，寫出相當有趣的公式來。在某個 x、y、z 的座標系裡，我們安排三個單位向量：**i** 是 x 方向的單位向量，**j** 是 y 方向的單位向量，以及 **k** 是 z 方向的單位向量。已經知道 $\mathbf{i} \cdot \mathbf{i} = 1$。那麼 **i** · **j** 是多少呢？當兩個向量的方向相互垂直時，它們的點積是零。因此

$$\begin{aligned}
\mathbf{i} \cdot \mathbf{i} &= 1 \\
\mathbf{i} \cdot \mathbf{j} &= 0 \qquad \mathbf{j} \cdot \mathbf{j} = 1 \\
\mathbf{i} \cdot \mathbf{k} &= 0 \qquad \mathbf{j} \cdot \mathbf{k} = 0 \qquad \mathbf{k} \cdot \mathbf{k} = 1
\end{aligned} \tag{11.24}$$

有了這些定義，任何向量都可以寫成

$$\mathbf{a} = a_x \mathbf{i} + a_y \mathbf{j} + a_z \mathbf{k} \tag{11.25}$$

利用這個方法，我們從向量的多個分量就直接知道向量本身。

　　本章對向量的討論不能算完整。不過與其更深入探討，不如先把討論過的觀念運用在各種不同的物理狀況下。把這個基本素材融會貫通，再進一步的探討，就比較容易瞭解，才不至於搞糊塗。

　　我們還會談到另一種向量乘積，叫做向量積（vector product），寫為 **a** × **b** 。不過這得等到以後的章節再介紹了。

第 12 章 | 力的特性

■
12-1 力是什麼？
12-2 摩擦力
12-3 分子力
12-4 基本力與場
12-5 假想力
12-6 核力

12-1　力是什麼？

　　儘管我們如果只是為了瞭解與應用自然而研讀物理定律，便已經是很有意思，而且是很值得的事，但是學習者應該每隔上一段時間就停下來思考一下：「這些定律的意義到底是什麼？」其實世上任何一段陳述究竟是在講些什麼議題，自古以來就吸引了哲學家的注意，也讓他們傷透了腦筋。相較而言，物理定律的意義究竟為何，是一個更有趣的問題，因為一般人都認為，這些定律代表著某種真正的知識。在哲學上，知識的意義是極深奧的問題，因此不時詢問：「它的意思是什麼？」是件很重要的事情。

　　現在我們問：「我們寫成 $F = ma$ 的那個牛頓物理定律，究竟是什麼意思？式子中的力、質量、跟加速度，又是什麼？」這麼說吧，我們可以由直覺領會質量的意義，而如果知道了位置跟時間的意義，我們就能為加速度**下定義**。這兒我們不打算對質量跟加速度兩項意義多作討論，且把注意力集中在**力**這個新觀念上。其實答案也一樣簡單：「如果物體在加速運動，就一定有力在對它作用。」這就是牛頓定律的內涵，因此我們可以想像得到的最精確、漂亮的力的定義，可能就只能講說：力等於物體質量乘上加速度。

　　這情況有如我們假設有一個定律說，如果所有的外力加起來等於零，則動量守恆成立。那麼就有人會問：「所有的外力加起來等於零，這句話究竟是什麼**意思**呢？」這個定律有個聽起來比較舒服的敘述：「當動量的總和維持不變時，則所有的外力加起來必然等於零。」不過這個說法顯然有問題，因為它並沒有說出任何新東西來。

　　如果我們發現了一個基本定律，這個定律說力等於質量乘以加

速度，然後我們再**定義**力等於質量乘以加速度，這樣一來，我們實際上便沒有學到什麼新東西。當然我們還可以定義說，運動中的物體若是沒有力對它作用時，物體會繼續以等速度作直線運動。因此如果我們觀察到一件物體，**沒有**以等速度在作直線運動的話，我們可以說，有個力在對它作用。

可是這樣子的講法當然不可能是物理學要說的東西，因為它們只是在繞圈子的定義而已。但上述牛頓的說法，卻似乎被認為是力最精確的定義，也是數學家喜歡的定義。儘管如此，這個定義可是一點用處都沒有，因為我們不可能從定義推導出任何預測來。我們可以一整天坐在扶手椅上，隨意的定義出字句，但如果我們想知道兩個球互相推擠時、或是把砝碼掛在彈簧上時會發生什麼事，那就是另一回事了，因為物體的**行為**完全無關乎我們所下的任何定義。

讓我舉個例子，如果我們這麼說：任何物體如果不去理它，它就會留在原來的位置，靜止不動。那麼，當我們看到物體在移動時，我們可以解釋說，它之所以會位移，是由於受到一個叫做「gorce」的東西的作用，也就是說，gorce 是位置的改變率。於是我們得到了一個了不起的新定律：除非有 gorce 在作用，一切東西都會靜止不動。你瞧，這個說法豈不是類似於前面牛頓對力所下的定義嗎？兩者都是空洞的定義而已。

所以牛頓定律的真正內容應該是：除了 $F = ma$ 這個定律之外，力還得有一些**獨立性質**才對。但是由於牛頓或其他人士，都未曾把力所具有的**明確**獨立性質完全描述出來，因此 $F = ma$ 這個物理定律只是一個不完整的定律。這意味著，如果我們去研究質量乘上加速度這個乘積，並稱它為力，也就是說如果我們將力的特性當成是有意義的東西去研究，那麼我們就會發現力有其單純之處；這個定律是分析自然現象的好方法，而且暗示著力有簡單的形式。

　　上面我們提到各種力，第一個例子就是牛頓所提出的完整的重力定律，而他在敘述此定律時，回答了「力是什麼？」這個問題。如果大自然中，重力是唯一的力，那麼牛頓的重力定律加上力定律（即牛頓第二運動定律）就足夠構成一套完整的理論了。然而事實上除了重力之外，力的花樣還多的是，而且我們還想把牛頓定律應用在許多不同的情況，因此接下來我們必須把力的各種性質找出來。

　　例如，凡是在論及力的時候，有個心照不宣的假設，那就是只有實質物體在場的情況下才會有力，也就是說，如果我們在某處發現了不等於零的力，則附近一定會有某個物體存在，爲該力的來源。這個假設跟前面舉例提過的所謂「gorce」完全不同，它說明力的一項最重要特性是力總是來自於某個物質，這**不只是一個定義**而已。

　　牛頓還告訴了我們一項法則：兩個物體之間彼此相施的力，大小相等而方向相反──即所謂的作用力等於反作用力，不過後來人們發現這項法則並不全然正確。事實上，連 $F = ma$ 這個定律也不全然正確；如果它眞的只是一種定義而已，則它就應該**永遠**是正確的，但是實情並非如此，所以它不僅是定義而已。

　　學生讀到這兒也許會抗議說：「我可不喜歡這種不精確的東西，我想要把每樣事物都定義得清清楚楚。事實上，一些書裡說，科學都得講究精確，所涉及的**每一事物**都有其定義！」如果你堅持要一個完全精確的力的定義，你永遠也得不到！首先，牛頓的第二定律就不完全正確，再者，我們必須瞭解，所有物理定律都是某種近似而已，你如果不知道這一點，就無法瞭解物理定律。

　　任何簡單的**觀念**都是一種近似，就以一個物體爲例吧，究竟什麼是物體呢？哲學家常會這麼說：「這樣吧，讓我們拿一把椅子當

作例子……」只要聽到這個開場白，你就知道他已經不知道自己在說什麼了。究竟什麼**是**一把椅子？嗯，椅子就是某個擺在那邊的東西呀……某個？你如何確定是某一個？椅子表面上的原子不**斷**蒸發消失，雖然數目不大，但多少總有一些；同時一些**髒**東西也會掉到椅子表面上，隨後溶解到油漆裡面。如果精確的定義一張椅子，想要精確分清楚哪些原子是屬於椅子的，哪些原子是屬於空氣的，或哪些原子是屬於油漆部分的，根本是不可能的任務。所以椅子的質量只能說是近似值，椅子是這樣，其他單一物體也莫不如此，原因很簡單，這世界上根本沒有任何單一、獨立的物體，每一件物體都是一大堆東西的混合，所以我們只能用一連串的近似法跟理想化步驟。

「理想化」是非常管用的辦法，如果我們設定近似值的誤差，以不超過一百億（10^{10}）分之一為上限，那麼一把椅子的原子數目，大概在一分鐘之內不會改變。換言之，只要不太過吹毛求疵，我們可以把椅子理想化，看成是某個確定的物體。同樣的，我們將用理想化的方式，不過於講究準確度，來討論力的特性。物理學上這種以近似法看待自然現象的觀點（並且總是試圖增進近似的準確度），也許不能令一些人滿意，也許他們比較喜愛清清楚楚的數學定義，但問題是數學定義在真實世界中從來就不是有用的東西。

數學定義從數學觀點看起來很不錯，因為其中的邏輯前後貫通，然而現實世界太複雜了一些，我們前面已經舉過好些例子，諸如海浪跟一杯葡萄酒。如果我們硬要把酒跟杯子分開，來討論它們各自的質量，在酒跟杯子已經互相溶入對方的情形下，我們又如何能將它們分得一清二楚呢？所以對於單一物體上的作用力已經是一種近似的講法，因此如果我們有一套用來談論真實世界的系統，那麼這套系統，起碼以目前而言，必須用上某種近似。

　　我們這個系統跟數學相當不同，數學裡面樣樣都能定義，但我們卻不**知道**自己到底在講些什麼。事實上，數學的好處就是在於我們**不需要知道自己在談些什麼東西**，數學了不起之處就是定律、推論、以及邏輯都和所談論的「東西」無關。例如我們有任何一組物體，它們和歐幾里得的幾何一樣滿足同一套公設，那麼如果我們下了一些新定義，然後再以正當的邏輯去做推論，則無論我們討論的是什麼物體，最後得到的結果都會是正確的。

　　然而在大自然裡就不是這樣了，譬如在做土地測量時，我們用一束光跟經緯儀去「畫」或設定一條直線，這樣所量出的一條線是否就是歐氏幾何學中的線呢？答案是否定的，因為我們的做法是一種近似而已，例如測量所用的十字絲有寬度，而幾何學中的線是沒有寬度的等等。所以歐氏幾何學能否用在測量學上，是一個物理問題，而非數學問題。雖然是這樣，拋開數學觀點，從實驗觀點來看，我們仍需知道歐幾里得的定律是否真的能應用在土地測量的幾何學上；我們先假設可以，然後小心求證，發現歐氏幾何相當適用，但不能說是完全正確，原因是測量學上的線仍舊不是幾何學的線。總之，抽象的歐幾里得直線能否應用於實際經驗中的直線，是一個經驗問題，而不是純從推理上就可以獲得答案的。

　　同理，我們不能只是把 $F = ma$ 稱為一個定義，然後用純數學方法推演出力學的各項內容，使得描述自然的力學變成數學理論。我們永遠可以透過建立一些適當的假設，來建立一套數學系統，歐幾里得幾何學就是這麼來的。但我們不能僅透過公設就建立起描述世界的數學，因為我們遲早得由實驗來確認這些公設是否適用於自然界的物體。所以我們馬上就會碰上這些自然界中複雜、「骯髒」的物體，因此不得不用上近似，但得到的答案會愈來愈精確。

12-2　摩擦力

　　上面這些考量說明了一件事，那就是要真正瞭解牛頓定律，我們需要討論各種形式的力，而本章的目的就是在介紹這種討論，以便把牛頓定律不足之處彌補起來。前面已經討論過加速度的定義跟一些相關觀念，現在我們來研討一下力的各種性質。本章的討論將不會非常精確，跟前幾章有些不同，因為力的情況相當複雜。

　　首先我們討論一種特定的力——空氣對飛行中的飛機所造成的阻力。那種力的定律又是什麼呢？（每種力總有定律，我們**必須**找出定律！）一想到造成飛機的阻力牽涉到那麼多的因素，諸如急速「拂」過雙翼的空氣、跟在機翼後面的渦流、機身上凹凸不平的變化，以及許多其他複雜的細節，沒有人認為這會是一個簡單的定律。但是出乎意料之外，空氣對飛機的阻力大致上等於一個常數乘以飛機速度的平方，也就是 $F \approx cv^2$。

　　那麼這個定律的地位如何，它跟 $F = ma$ 有相似之處嗎？完全不然，因為首先此定律是利用風洞實驗粗略得到的結果。於是你說：「$F = ma$ 不也是從經驗得來的結果嗎？」不錯，所以兩者間的差別並不在此。阻力定律與牛頓運動定律之差別不在於阻力定律是一種經驗定律，而在於依據我們對自然的瞭解，此定律是一大堆複雜事件總和起來的結果，基本上不是一件單純的事情。如果我們繼續深入研究，且愈量愈精確的話，這個定律會變得**愈**來**愈**複雜，而不是變得**更簡單**。換句話說，我們若是愈仔細檢驗這個飛機的空氣阻力定律，會發現這個定律「愈來愈錯」。我們鑽研得愈深入，量測得愈精確，所得到的真相也愈複雜，所以我們認為這定律不可能來自於一個簡單的基本過程，跟我們當初的猜想一致。

譬如說，如果飛機的速度非常低，低到一般飛機根本飛不起來的地步，如同飛機被緩慢的拉曳穿越空氣，這時上述的定律就不成立了，這時空氣對飛機的阻力不再跟速度的平方成正比，而比較像是跟速度成正比。另一個例子是，若讓球、或氣泡、或其他任何東西在濃稠如蜂蜜的流體中慢慢移動，東西所受到的摩擦阻力跟移動速度成正比。但是我們若讓移動速度增快，使液體發生渦旋（蜂蜜不會有這種情形，但水跟空氣則會），這時阻力會比較接近於跟速度平方成正比（亦即 $F = cv^2$）。如果速度繼續增加，則此定律也會開始出錯，這時有些人會說：「這個公式裡的係數稍微改變了一些！」但這只是逃避問題的說法。

飛機阻力定律跟 $F = ma$ 不一樣的第二個理由是，整個情形的複雜性還不只此。我們要問，整架飛機所受到的阻力是否可以細分開來？包括機翼所受到的力、機頭受到的力……等等。如果我們想要考慮到各個部位上的力矩，那麼的確能夠這麼做，不過每一處所受到的力，我們都必須分別找適合的特殊定律來。只是在做這樣的分析時，我們會發現很有趣的事，某機翼上的力，還深受另一機翼的影響。換句話說，如果我們把一隻機翼拆卸下來，單獨放進風洞裡測試阻力，測試的結果跟機翼連接在飛機上時並不相同。原因當然是，某些風在撞上飛機後，會繞到機翼上，而改變了機翼所受的力。

在如此錯綜複雜的情況下，我們竟然能夠得到這麼一個簡單、雖不中亦不遠的經驗定律，可以用於飛機設計上，真是奇蹟一樁。只是這個定律與**基本**的物理定律並不是同一個等級的定律，這定律初看簡單，但愈研究愈複雜。比方說，有人想要知道這個定律公式中的係數 c，跟機頭的外形有怎樣的關係，即使他用盡了腦汁，仍沒有什麼結果，空氣阻力跟機頭外形之間，似乎完全看不出有任何

簡單的定律,可以讓我們求出係數。對比之下,重力定律是簡單的,而更進一步的研究,只會使得它更顯單純。

　　以上討論了摩擦力的兩個例子,一個是在空氣中的快速運動,一個則是在蜂蜜中的緩慢移動。此外還有另一種摩擦形式,叫做乾摩擦(dry friction)或滑動摩擦(sliding friction)。當一固體在另一固體上面滑動時,就會出現這種摩擦。如果要維持固體的滑動,就必須施力,此力就叫做摩擦力,而它的來源也非常複雜。兩物體的接觸面,從原子層次上來看都是不規則的。兩個物體間有很多接觸點,在這些接觸點上,雙方的原子似乎暫時黏到了一塊,隨後當物體被推動時,扯開了一些原子,造成了振動,這類情形必然會發生,而產生了阻力。

　　起先人們以為這種摩擦的機制非常簡單,他們認為實體表面只是布滿了不規則的起伏,而摩擦力是來自將上方滑動的物體提起來,以便跨過下方物體的突出部分。但是實際情形不可能如此,因為在這樣的過程中,應該不會損失什麼能量,然而實際上是會消耗掉不少的能量的。能量耗損的機制在於當物體滑過障礙時,表面那些不規則的突出部分因拉扯而變形,於是產生了波動、原子運動、及隨後出現的熱能。

　　再一次的,我們竟然能夠從實驗中發現一個簡單的定律,這個了不起的定律大致上可以描述物體間的這種摩擦。此定律說,克服摩擦而拖著一物在另一物上滑動所需的力,跟它們接觸面上的正向力(normal force,即垂直於接觸表面的力)有關。事實上,一個相當好的近似規律是,這種摩擦力可說是跟正向力成正比,比例係數大約為一定值,也就是

$$F = \mu N \qquad (12.1)$$

上式中的 μ 叫做**摩擦係數**（見圖 12-1）。雖然這個係數並不全然是個定值，但在某些工程或實際用途上，上面這個公式是個相當好的經驗公式，可以讓我們大約估計出摩擦力。不過，如果正向力或運動速率過大，由於產生過多的熱，此定律便會失效。這兒我們得瞭解一個重點，那就是這種經驗定律都有其適用範圍，一旦超過這個範圍就不靈了。

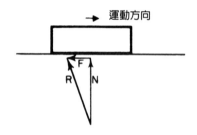

圖 12-1　摩擦力與滑動接觸面上正向力之間的關係

　　我們可以用簡單的實驗，證明公式 $F = \mu N$ 大致是對的。我們設置一塊平面，讓它跟水平面之間有個小夾角，此夾角為 θ，又在該斜面上放置一塊重量為 W 的物體，然後逐漸把此斜面的傾斜角度加大（亦即讓 θ 增大），直到這塊物體開始滑動為止。此物塊的重量 W 向下，其沿著斜面的分量是 $W \sin \theta$。如果這時這塊物體等速向下滑動，沒有加速度，則這個分量必然跟摩擦力相等。又這塊物體重量沿著法線方向的分量為 $W \cos \theta$，這就是正向力 N。

　　如此一來，公式 $F = \mu N$ 變成了 $W \sin \theta = \mu W \cos \theta$，我們可以得到 $\mu = \sin \theta / \cos \theta = \tan \theta$。如果這個定律全然正確，那麼這塊物體就會在某一定傾斜角開始滑動。如果我們在這塊物體上加上了一

些重量，使得 W 增加，公式裡所有的力都會等比放大，但兩邊的 W 會抵消。如果 μ 不變，變重的物塊開始滑動的角度應該維持不變。當我們用實驗來決定 θ 時，發現在重量加大之後，物體仍然約會在同一個角度開始滑動，即使重量大了好幾倍，也還是如此。所以我們的結論是摩擦係數和重量無關。

不過在做此實驗時，我們也注意到，在斜面傾斜到正確的 θ 角之後，物體固然開始滑動，但動作並不平順，而是一會兒快、一會兒慢的移動，在某一些地方可能會停頓一下，而在另一些地方物體則會加速前進。這種現象說明了摩擦係數 μ 只約略是個定值，實際上，它在平面上各處都有些微差別。同樣的不規則現象在我們改變物塊重量時，也會顯現出來。這些摩擦係數的變化主要來自於平面上各處的平滑度或硬度的不同，或許灰塵、氧化物、或其他異物也有關係。有些現成的數據表上列著一些「鋼對鋼」、「銅對銅」之類的摩擦係數 μ，其實這種講法是不對的，因為它們忽略了上述這些真正決定 μ 的因素。摩擦力絕不是由於「銅對銅」等等，而是來自附著在銅表面上的雜質。

前述這類實驗中，摩擦力幾乎不受接觸面相對速度的影響。許多人相信，克服摩擦讓物體開始滑動所需要的力（靜摩擦力），比起維持該物滑動所需要的力（動摩擦力），要來得大一些，但是對於乾燥金屬來說，這兩種摩擦力幾乎沒有任何差別。人們之所以有這樣的觀念，大概是因為他們所經驗的狀況，常常有些許油或潤滑劑在接觸面上，或者是他們所用的物塊有彈簧或其他彈性物質的支撐，使它們似乎黏在一起。

摩擦力不容易量得準，這種精確的定量實驗很難做，以致於我們至今都尚未好好分析出摩擦定律，儘管這種精確的分析在工程上有很大的用處。雖然對於標準化的接觸面來說，上述的 $F = \mu N$ 定

律可以說是相當正確，但我們還不完全瞭解為什麼這樣的定律會成立。我們需要精密的實驗，才能證明係數 μ 幾乎與速度無關，因為若是下方的表面振動得很快，表面上看起來摩擦會大幅降低。所以當我們在高速滑動的情況下做實驗，必須注意到所牽涉的物體之間完全沒有相對的振動才行，因為表面上所看到的摩擦力在高速情況下降低，常常是由於物體的振動罷了。無論如何，這個摩擦力定律屬於我們不甚瞭然的半經驗定律，奇怪的是，人們的確花了許多功夫去研究，卻仍然拿它沒辦法。事實上，目前除了實際測量之外，我們還無法估計兩種物質之間的摩擦係數。

我們在前面指出，以前人們讓純物質相互滑動，例如銅對銅的滑動實驗，來測量摩擦係數 μ 時，所得到的數據名實不符，因為實驗中的接觸面並非真的純銅，而是有氧化物或其他雜質摻雜在內。如果我們針對此點，想辦法讓接觸面變為純銅：清潔、拋光去除表面上的物質，抽真空除掉摻雜的氣體，用所有其他已知方法維持接觸面上的純淨度，那麼我們還是無法測得銅對銅的 μ！因為我們會發現，即使把實驗中的斜面傾斜到了垂直的地步，上方的物體仍舊不會滑落，因為實驗中的兩塊銅板黏在一起啦！對於表面堅硬的物體而言，摩擦係數 μ 一般都低於 1，如果兩個物體都是純銅，所測得的摩擦係數 μ 會變大許多倍。這個令人意外的行為，其實並不難理解：當接觸面的原子都是同一類型時，這些原子根本無從「知道」自己屬於哪一邊！反過來說，如果兩物體之間還有其他原子，例如氧化物或油脂或更複雜的薄薄表層汙染物，則原子就「知道」它們是否在介面的同一邊。我們知道把銅原子結合成固體金屬的力是銅原子之間的力，有了這層認知，我們便不難瞭解，純金屬之間根本不可能有正確的摩擦係數。

我們可以自己動手做一個簡單的實驗來觀察相同的現象，這實

驗會用到一片玻璃跟一隻平底玻璃杯。如果讓玻璃杯站在玻璃片上，杯子上套一根細繩，然後用手拉這根繩子，很容易就能拉動玻璃杯在玻璃片上平穩滑動，而且拉的人可以感覺到摩擦係數，雖然它不是非常規則，但確是一個係數。這時如果把這片玻璃跟玻璃杯底用水打濕，我們發現它們黏得很緊，要費很大的氣力才能把玻璃杯拉動，而且我們若仔細瞧瞧，會看到玻璃上出現一些刮痕。原因是水能夠把油脂等雜質拉離玻璃的表面，讓玻璃杯跟玻璃片之間形成「玻璃對玻璃」的接觸。這種接觸非常牢固，不容易扯開，若硬是把它們分開，會傷及表面，造成刮痕。

12-3　分子力

接下來我們要討論的是分子力的特性。原子之間有力存在，而它們正是摩擦力的終極來源。然而，古典物理學從來沒能把分子力解釋得很妥善，一直要等到量子力學出現後，我們才有了全盤的瞭解。

我們從實驗得知，兩個原子之間的力，變化關係如同後面圖 12-2 所示，力 F 可以畫成原子間距離 r 的函數。這其中還有一些不同的情況，譬如水分子內，負電荷多坐落在氧原子上，使得整個分子的負電荷平均位置跟正電荷平均位置，並不落在同一點上，因此附近另一個分子就感受到一個相當強的力，這個力稱為偶極間的力（dipole-dipole force）。不過，水分子的這種行為並不會出現於其他很多分子之上，那些分子的電荷分布得更加平衡，尤其是氧分子中的電荷分布可說是完全對稱的。在氧分子中，雖然負電荷與正電荷散布於分子各處，但是負電荷的中心與正電荷的中心是位於同一個位置的。

分子內正、負電荷中心分開、不落在同一點上的分子，我們稱為極化分子（polar molecule），而電荷乘以兩中心之間的距離則是電偶極矩（dipole moment）。若是分子內的正、負電荷中心位置重疊，則該分子便是一非極化分子。對於所有非極化分子而言，儘管靜電力全給中和掉了，但事實上，兩分子如果相距很遠，則兩分子之間就存在著一種吸引力，此力的大小與距離的七次方成反比，也就是 $F = k/r^7$，式子中的 k 是與分子性質有關的常數。為什麼會這樣呢？這得等到我們學會了量子力學之後，才能瞭解。分子如果帶有電偶極矩，分子間的力會大得多。然而，當原子或分子彼此靠得太近時，它們之間會產生非常大的斥力，這個斥力就是我們不會穿過地板掉下去的原因！

我們可以用相當直接的方法來證明這些分子力，一個方法是前面提過的滑動玻璃杯的摩擦力實驗，另一個方法則是拿兩個磨得非常平滑的表面，讓它們能夠緊密的靠在一起。這種平面的一個實際例子是機器工場裡常見的約翰生塊規（Johansson block），主要是用來做為精準測量長度的標準。如果我們把兩個約翰生塊規的平面，很小心的以滑動方式疊在一起之後，用手抓住上方的塊規上提時，下方那塊也會因為分子力拉住而跟著一塊被提起來，展現了分屬兩塊平面上的原子之間的直接吸引力。

不過這種分子間的吸引力並非像重力那樣基本，它來自一個分子內所有的電子跟原子核，與另一個分子內所有的電子跟原子核相互間非常複雜的交互作用。在我們所得到的公式中，任何看起來簡單的公式，都是許多複雜情況的綜合，而不是我們找到了什麼基本現象。

就像圖 12-2 中所示，分子之間的距離一大，它們就互相吸引，而距離一小，則會相互排斥。因此分子可以藉由這種吸引力凝

聚在一起，但又由於彼此短距的排斥力而不會太過於靠近，如此一來我們就能得到分子所組成的固體。當分子相隔距離 d（即為圖 12-2 中，曲線通過 r 軸之點與原點之距離）時，兩分子之間的力為零，既不相吸也不相斥，完全處於平衡狀態，所以分子彼此間的距離就大致會固定在那裡。當這些分子受外力推擠，距離變得比 d 小時，分子之間會發生排斥（即曲線在 r 軸以上的部分）。從圖上我們可以看出，在距離比 d 小時，斥力隨著距離變小而快速增加，若要將距離縮小一點，需要很大的力去克服斥力。相反的，若是我們要把平衡中的分子拉開一點點，它們之間會產生一些引力，此引力隨距離增大而加強，但是如果拉得夠用力的話，它們中間的鍵結會被拉斷，而導致永遠分離。

　　若是分子受推擠，使得分子之間的距離只比 d 小了**一點點**，或者距離被拉開比 d 大了**一點點**，這情形相當於圖 12-2 中 d 附近那一小段較粗的「曲線」部分，這一小段曲線其實是近似一直線。所以在許多情況下，只要位移不是很大，則**力跟位移成正比**。這個原

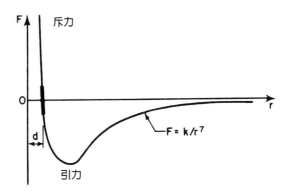

圖 12-2　兩個原子之間的力，是它們之間距離的函數。

理叫做虎克定律（Hook's law），或是彈性定律。這原理是說，當物體變形時，它要恢復原狀的力，跟它變形的程度大小成正比。當然這個定律只有在變形程度很小時才成立，一旦變形太嚴重，物體會被扯斷或是被壓碎。

究竟力的大小必須在什麼範圍之內，虎克定律才適用？這要看材料而定：例如，對於麵團或灰泥而言，這個力就很小，但是對於鋼而言，所能容忍的力就相當大。虎克定律可以用垂直懸掛的鋼製長線圈彈簧來示範說明，我們在這根彈簧的底端掛上合適的重量，使得整根鋼線的各處都產生了一點扭曲，圈與圈之間的距離都因而稍稍變大了一些，如果彈簧的圈數很多，整根彈簧加起來所產生的位移便很顯著了。如果我們掛上第一個 100 公克重的重物後，量出彈簧被拉長了多少，然後我們逐步增加掛在彈簧上的重量，每次增加 100 公克，我們會發現，每次加上 100 公克後，彈簧每次增加的長度，幾乎都等於第一次所增加的長度。不過這個力與位移之間的定比關係有個上限，一旦彈簧所掛的重量超重，虎克定律便不靈光了！

12-4 基本力與場

現在我們要討論剩下尚未提過的基本力，我們之所以稱之為基本力，是由於它們的定律基本上都很單純。

我們首先要談的是靜電力。攜帶電荷的物體是由帶電的電子與質子組合成的。如果兩物體帶有電荷，兩者之間就有靜電力存在；如果兩物體的電荷大小分別是 q_1 與 q_2，靜電力的大小就與 q_1 跟 q_2 的乘積成正比，而與兩電荷距離的平方成反比，寫成公式就是 $F =$ (常數)· q_1q_2/r^2。如果涉及的電荷是一正一負，則此定律跟重力定

律相似，即靜電力是吸引力，但如果兩個電荷**相似**（即兩個電荷皆為正電荷或皆為負電荷），則靜電力成了斥力，F 的正負號（方向）顛倒過來。由於電荷 q_1 跟 q_2 本身有正負之分，所以在應用此公式時，從電荷乘積的正負值可以看出力的方向，靜電力的作用方向永遠沿著電荷之間的連線。

　　至於公式中的常數，當然取決於我們對於力、電荷、距離等這些物理量所採用的單位。以當今一般通用的單位來說，電荷的單位是庫侖（C），距離的單位是公尺（m），而力的單位是牛頓（N），那麼如果我們希望靜電力的確是以牛頓為單位，則公式中的常數等於

$$\epsilon_0 \ = \ 8.854 \times 10^{-12} C^2 / N \cdot m^2$$

由於歷史的因素，這個常數一般寫成 $1/4\pi\epsilon_0$，亦即

$$1/4\pi\epsilon_0 \ = \ 8.99 \times 10^9 \, N \cdot m^2 / C^2$$

因此靜電力的定律就是

$$\mathbf{F} \ = \ q_1 q_2 \mathbf{r} / 4\pi\epsilon_0 r^3 \qquad\qquad (12.2)$$

　　自然界中最重要的電荷就是單一個電子所帶的電荷，它等於 1.60×10^{-19} 庫侖。當我們在計算基本粒子之間的靜電力，而非比較大的電荷的問題時，許多人很喜歡用 $(q_{el})^2/4\pi\epsilon_0$ 這個組合，q_{el} 就是單一電子的電荷。由於這個組合經常出現在計算中，於是以 e^2 這個符號來定義這個組合。在 mks 制之中，e^2 的大小等於 $(1.52 \times 10^{-14})^2$。這個常數之所以好用，是因為以牛頓為單位的兩個電子之間的靜電力，可以簡單的寫為 $F = e^2/r^2$，其中 r 為該兩電子之間距離，它的單位為公尺，我們不需要用上其他那些常數。靜電力其實

比這個看起來簡單的公式要複雜得多，因爲只有在物體靜止不動的情形下，這個公式才能成立，我們等一下會考慮比較普遍的例子。

爲了分析各種較爲基本的力（不是摩擦力，而是電力或重力之類的力），我們發展出一個有趣且非常重要的觀念。因爲這些力乍看之下遠比平方反比律複雜得多，而且這些定律也只有在涉及的物體靜止不動時才能成立，以致於當物體以複雜的方式運動時，我們就必須改進所用的方法，才能處理非常複雜的力。我們從經驗得知，若要分析非常複雜的力，「場」的觀念非常有用。

我們用靜電力來示範場的概念。假設我們有兩個電荷 q_1 跟 q_2，分別位於 P 點跟 R 點上，於是我們可以把這兩個電荷之間的力寫成

$$\mathbf{F} = q_1 q_2 \mathbf{r}/4\pi\epsilon_0 r^3 \tag{12.3}$$

若要用場的觀念來分析此作用力時，我們說 P 點上的電荷 q_1，在 R 點上造成一個「狀況」，使得 R 點上的電荷 q_2「感覺到」這個力。這種說法雖然聽起來有點奇怪，但的確是一種正確的描述方式。在此方式中，我們把 R 點的電荷 q_2 受到的力 $\mathbf{F}$ 分成了兩個部分：此力等於 q_2 乘上一個量 $\mathbf{E}$，$\mathbf{E}$ 是由電荷 q_1 在 R 點上造成的「狀況」，跟 R 點上有沒有電荷 q_2 無關（假設其他電荷都沒有移動）。在此觀點之下，$\mathbf{F}$ 是 q_2 對 $\mathbf{E}$ 所產生的反應。我們稱 $\mathbf{E}$ 爲電場，它是一個向量。位於 P 點的電荷 q_1 在 R 點上造成的電場 $\mathbf{E}$，應等於 q_1 乘上常數 $1/4\pi\epsilon_0$，再除以 r^2（r 是 P 點跟 R 點之間的距離），作用方向跟徑向量 $\mathbf{r}$ 的方向一致（因此還要乘上單位向量 $\mathbf{r}/r$）。因此電場的公式可寫成

$$\mathbf{E} = q_1 \mathbf{r}/4\pi\epsilon_0 r^3 \tag{12.4}$$

於是得到

$$\mathbf{F} = q_2\,\mathbf{E} \qquad\qquad (12.5)$$

這告訴了我們力、電場、及電荷之間的關係。

　　我們大費周章做了這些，是爲什麼呢？我們的用意是把對於力的分析分解成兩部分，一部分是說某樣東西**產生**了一個場，另一部分則是說某樣東西**受到場的作用**。如此一來，我們便能分別單獨考量這兩部分，簡化了許多複雜情況下的問題計算。譬如說，空間中有許多電荷存在，我們可以先計算出這些電荷在 R 點所造成的總電場，那麼一旦我們知道了位於 R 點的電荷大小，就可以把力算出來。

　　在重力問題上，我們也是可以照做完全一樣的事。重力的公式是 $\mathbf{F} = -Gm_1m_2\mathbf{r}/r^3$，我們可以同樣的分析說，一個物體在重力場中所受到的重力，等於物體的質量乘上重力場 $\mathbf{C}$。若是說得更清楚一些，則是物體 m_2 所受到的重力，等於質量 m_2 乘上由 m_1 產生的重力場 $\mathbf{C}$，即 $\mathbf{F} = m_2\mathbf{C}$。質量 m_1 所產生的重力場 $\mathbf{C}$ 即是 $\mathbf{C} = -Gm_1\mathbf{r}/r^3$，重力場是個徑向場（以 m_1 爲中心輻射出去），跟靜電力的情況完全相同。

　　把力分開成兩部分，不管你對這種做法的初步印象如何，它可不是無關緊要的多此一舉。如果力的定律很簡單，這個做法的確是可有可無，只是公式的另一種寫法而已，但力的定律遠比我們想像的複雜，以致於場成了一種眞實的東西，它們幾乎可以獨立於原先產生它們的物體而存在。例如我們搖晃一個電荷，它會造成某種效應，也就是在一段距離外建立了一個場。如果隨後我們停止搖晃，這個場卻不會立即跟著停止振盪，而仍會記得粒子先前的行動，因爲粒子之間的交互作用並不是即時的。所以我們最好能夠有某種方

式，記得這電荷以前做過什麼。例如，如果作用於某電荷上的力，取決於另一個電荷在昨天的位置（這的確可能發生），那麼我們需要一種機制來記錄昨天所發生的事情，而這也是場的特性。因此當涉及的力愈來愈複雜時，場就變得愈眞實，而這項把力分成兩部分的技巧也就變得比較自然，並不是人刻意創造出來的辦法。

用場來分析力時，我們需要與場有關的兩種定律。第一種是物體對於場的反應，也就是物體在場中的運動方程式。例如質量對重力場的反應定律就是，力等於質量乘上重力場；如果物體還帶有電荷，則電荷對電場的反應，便是電荷乘上電場。第二種定律是那些決定場的強度、以及場如何產生出來的定律。這些定律有時候稱作**場方程式**，以後我們還會在適當時機討論這類定律，現在且先寫下幾件相關的事實。

首先，其中最有意思、最正確、最容易讓人瞭解的事實是，由許多場源（電荷）所造成的總電場，等於各個場源分別造成的電場加起來的向量總和。更詳細的說法是，如果有很多電荷共同形成電場，第一個電荷單獨所造成的電場爲 $\mathbf{E}_1$，第二個電荷單獨造成的電場爲 $\mathbf{E}_2$ ……等等，則總電場等於這些向量加起來的和。這個原理寫成式子就是

$$\mathbf{E} = \mathbf{E}_1 + \mathbf{E}_2 + \mathbf{E}_3 + \cdots\cdots \qquad (12.6)$$

或者根據前面所給的定義，上式可寫成

$$\mathbf{E} = \sum_i \frac{q_i \mathbf{r}_i}{4\pi\epsilon_0 r_i^3} \qquad (12.7)$$

那麼同樣的方法是否可以應用在重力上呢？牛頓把兩個質量 m_1 與 m_2 之間的重力寫成 $\mathbf{F} = -Gm_1m_2\mathbf{r}/r^3$。根據場的觀念我們可以

說：m_1 在它周遭空間形成了一個場 **C**，而 m_2 在場中所受的力為

$$\mathbf{F} \;=\; m_2 \mathbf{C} \tag{12.8}$$

把它代進牛頓的重力公式，我們得到 $\mathbf{C} = -Gm_1\mathbf{r}/r^3$。如果我們有多個質量，則質量 m_i 所產生的重力場為

$$\mathbf{C}_i \;=\; -Gm_i\mathbf{r}_i/r_i^3 \tag{12.9}$$

各個質量所形成的重力場為

$$\mathbf{C} \;=\; \mathbf{C}_1 + \mathbf{C}_2 + \mathbf{C}_3 + \cdots\cdots \tag{12.10}$$

我們在第 7 章計算行星運動時，基本上用的就是這個原理，那時候我們只是把所有對於一個行星的作用力向量全加起來，如此得到的向量和就是行星所受的總力。如果我們再除以行星的質量，得到的就是(12.10)式。

　　(12.6)式與(12.10)式所表達的概念，就是場的**疊加原理**（principle of superposition）。此原理是說，由所有場源所共同造成的總場，等於各個場源單獨所造成的場之總和。目前就我們所知，對電場來說，此原理保證是絕對正確無誤，甚至在電荷運動的複雜情況下也成立。偶爾我們會碰到似乎違反此原理的狀況，但是經過仔細分析之後，總是可以發現問題來自忽略了某些運動電荷。雖然疊加原理完全適用於電場，但根據愛因斯坦的重力理論，如果重力場太強，則疊加原理就不適用，同時牛頓方程式(12.10)也只是近似而已。

　　跟電力密切相關的另一種力叫做磁力，也可以用場的觀念來分析。電力跟磁力之間一些性質上的關係，可以利用一個電子射線管的實驗來說明（見次頁圖 12-3）。管子的一端是一個電子源，可以發射出電子流，管子內的裝置可以把電子加速到極高的速度，並且

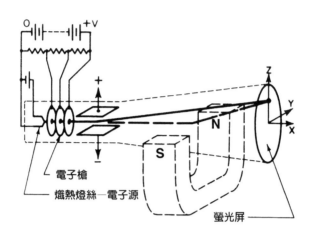

圖 12-3　電子束管

把部分電子集中成為細小的一束，然後送到管子另一端的螢光屏上，當電子撞擊到螢光屏中心，那裡就出現一個光點。從這個光點的位置，我們可以追蹤這束電子在管子中所跑過的路徑。在這條奔向螢光屏的路徑上，有兩片水平的平行金屬板，我們讓電子束經過金屬板之間的狹窄空間。金屬板之間可以隨時加上電壓，至於讓哪一片當作負極都無所謂。有了電壓的時候，兩片金屬板之間就產生了電場。

　　這個實驗的第一部分，是把下方的金屬板接到電池的負極上，使更多的電子跑到金屬板上。由於相同的電荷互斥，螢光屏上的光點會即刻向上偏移。（我們也可以用另一種方式來敘述這個現象──電子束中的電子在經過兩片平行金屬板中間時，「感覺」到了電場，因而向上偏移。）接著我們把電壓的方向顛倒過來，讓上方的金屬板攜帶負電，於是螢光屏上的光點即刻跳到中間偏下方，表

示這回電子束受上方金屬板的排斥。（或者我們也可以說，電子受到電場的影響，有了反應，只是電場現在是指向相反的方向。）

　　這個實驗的第二部分，是把金屬板之間的電壓取消，測試磁場對電子束方向的影響。我們可以利用一個大馬蹄形磁鐵，兩極之間的距離要足以容得下電子束管。假設我們拿著這個磁鐵以某個方位，例如呈 U 字型，將它放在電子束管下方，讓兩極在上，使得電子束管的一部分置在兩極之間。我們發現當磁鐵從下向上靠近電子束管時，螢光屏上的光點會朝上偏移，所以磁鐵似乎會排斥電子束。但是事情沒這麼簡單，因為只要我們把磁鐵上下翻轉 180 度（左右磁極的位置保持不變，磁鐵成了倒 U 字型），然後讓它從上朝下跨在電子束管的左右，磁鐵接近時，我們看到光點依然**朝上方**移動。所以這回磁鐵不但不排斥電子束，反而有了吸引的效果。但如果我們把原先這塊口朝上的 U 字型磁鐵水平轉了一個 180 度（讓磁極左右易位）之後，同樣的從下朝上跨在電子束兩旁，我們看到光點轉而朝下方偏移。這時我們若是把磁鐵向上翻轉成倒 U 字型（但左右位置不變），從上朝下移到電子束管的兩旁，光點仍然朝下偏移。

　　為了要瞭解這個奇怪的現象，我們必須另有一套關於力的新概念才行。我們這麼解釋：從磁鐵的一極到另一極有一個**磁場**，磁場有一定的方向，永遠是從一極（我們可做個記號）到另一極。無論磁鐵的開口朝著向哪個方向，都不會影響磁場方向，但是如果我們把兩磁極位置對調，磁場方向也就倒了過來。譬如說，電子的前進是順著水平的 x 方向，而磁場方向雖也是水平的，但卻是在 y 方向，那麼磁場對**運動中電子**所產生的力，就會是在 z 方向上，也就是向上或向下，依磁場的方向是在正 y 方向或負 y 方向而定。

　　雖然目前我們還不打算討論以任意方式運動的電荷彼此之間的

力，因為情況非常複雜，不過我們可以先考慮其中的一個面向，那就是在**已知的電場跟磁場**中電荷所受到的力。一個帶電物體所受的力取決於它的運動狀態，若是帶電物體靜止不動，物體所受到的力和本身所具有的電荷成正比，比例係數就是我們稱之為**電場**的東西。但是只要物體一開始移動，它受到的力就可能改變，修正的部分，也就是新一「項」的力，正好**跟物體的速度成正比**，但方向卻同時跟物體的速度 **v**，以及另一個我們稱為**磁場**的向量 **B** 垂直。

如果電場 **E** 跟磁場 **B** 的分量分別為(E_x, E_y, E_z)與(B_x, B_y, B_z)，而物體速度 **v** 的分量為 (v_x, v_y, v_z)，則一個運動中電荷 q 所受到的力之各分量為

$$F_x = q(E_x + v_y B_z - v_z B_y)$$
$$F_y = q(E_y + v_z B_x - v_x B_z) \qquad (12.11)$$
$$F_z = q(E_z + v_x B_y - v_y B_x)$$

假如磁場僅有的分量為 B_y，而速度唯一的分量為 v_x，則唯一剩下的磁力項，就是 z 方向的力，這個力垂直於 **B** 跟 **v**。

12-5　假想力

接下來我們要討論的一類力，可稱之為假想力（pseudo force）。在第 11 章，我們討論過各有自己座標系的老喬跟老莫兩個人的關係。現在假設有一粒子，老喬所測量到的位置為 x，而老莫量到的是 x'，那麼兩個座標之間有如下關係：

$$x = x' + s, \qquad y = y', \qquad z = z'$$

其中 s 為老莫座標系相對老喬座標系的位移。如果我們假設各種運

動定律對老喬來說是正確的，那麼它們在老莫看來又是怎麼樣呢？
首先我們發現

$$dx/dt = dx'/dt + ds/dt$$

先前我們曾經考慮過 s 是個常值的情形，這時 $ds/dt = 0$，所以 s 對
於運動定律不會產生任何影響，也就是說，運動定律在這兩個座標
系中完全相同。

　　$s = ut$ 的情形，其中的 u 是一直線上的某一固定速度。這時 s
不是定值，ds/dt 不等於 0 而是等於定值 u。不過由於 $du/dt = 0$，
加速度 d^2x/dt^2 仍然等於 d^2x'/dt^2。這證明了我們在第 10 章用過的一
項定律，那就是如果我們以等速度在一直線上運動，則所有物理定
律看起來跟我們靜止不動時所看到的完全一樣。此即伽利略變換
〔Galilean transformation〕。

　　但是我們真正希望討論的是 s 更為複雜的各種有趣情形，例如
$s = at^2/2$。這時，$ds/dt = at$ 及 $d^2s/dt^2 = a$，a 是一固定加速度。
〔或者我們還可以更進一步，讓 s 複雜到甚至連加速度也不固定，
而是時間的函數。〕這意味著，雖然老喬所看到力的定律為

$$m \frac{d^2x}{dt^2} = F_x$$

然而由老莫看起來，力的定律就變成了

$$m \frac{d^2x'}{dt^2} = F_{x'} = F_x - ma$$

也就是說，既然老莫的座標系在老喬看起來，有個加速度，所以老
莫的運動定律就多出了一項 ma。因此，老莫所看到的力都必須加
上修正，這樣牛頓定律才適用。換句話說，老莫發現了一種神祕、
來源不明的力，這新一類型的力之所以出現，當然是因為老莫用錯

了座標系。老莫所看到的這種力是一種假想力，假想力也會發生在**旋轉**的座標系中。

假想力的另一個例子是平常被稱為「離心力」的東西：一個觀察者位於旋轉座標系中（例如位於旋轉箱子內），他會發現一種神祕的力，這種力沒法用已知的力源去解釋，卻能把東西向外甩到牆上去。此力之所以出現，只不過是因為觀察者沒有最簡單的牛頓座標系而已。

我們可以用有趣的實驗示範假想力的存在，在桌上放一個裝水的玻璃罐，我們首先用些力推這個水罐，使它有了加速度。重力當然會將水向下拉，但是由於罐子有水平加速度，所以在跟加速度相反的水平方向上，也出現了一個假想力。這個假想力跟重力加起來的合力，與垂直方向之間，會夾一個角度，使得水面在加速期間會垂直於合力，也就是說水面相對於桌面而言是傾斜的，我們看到水面變成了前緣低後緣高，表示有個向後的假想力。當我們不再推這個水罐，水罐的速度因為桌面的摩擦力而減速時，我們又看到水面反倒變成了前高後低，表示這時有個向前的假想力（見圖 12-4）。

各種假想力有個非常重要的特質，那就是它們永遠跟質量成正比。有趣的是，重力同樣具有這項性質，所以**重力本身可能就是一種假想力**。也許重力之所以存在，是因為我們的座標系不對？畢竟

圖 12-4　假想力的示範

只要想像任何一件物體在加速，我們就可以得到跟物體質量成正比的力。比方說，我們把一個人關進靜止於地面上的箱子裡，他會發覺有個跟自己質量成正比的力（即重力），把他拉向地板。但是如果壓根兒沒有地球，而箱子靜止不動，箱子裡的人就會浮在空中，感受不到重力。不過如果同樣在沒有地球的情況下，某樣東西以加速度 g 拉著這個箱子往上，這時箱子裡的人在分析了物理之後，會發現有個假想力把他拉向地板，就好像重力那樣。

　　愛因斯坦提出了加速度能夠模仿重力的著名假設。他指出，由於加速度而產生的力（假想力）跟重力是**無法分辨**的；我們根本無從知道，其中多少是重力，多少是假想力。

　　也許我們可以把重力全部想成是一種假想力，認為我們之所以向下被地球拉住，是因為我們正在向上加速，但是在地球另一端的人難道也在向上加速不成？愛因斯坦發現，重力只能在某一時刻、某一點上被看作是假想力，依據他的推論，他提出了一種看法，那就是**世界的幾何**要比一般的歐氏幾何複雜得多了。這裡的討論僅僅是對於性質的描述而已，只是要讓讀者知道一般概念，此外沒有其他目的。

　　為了讓大家粗略瞭解重力如何可能是假想力的結果，我們且舉一例來說明，此例純屬幾何觀念，並不代表真實情況。假設我們都生活在兩維空間內，而對第三維空間一無所知。我們自以為活在一平面上，但假設我們其實是在很大的球面上。然後假設我們沿著地面射出一件物體，之後它未受到任何外力，那麼物體會往哪裡去呢？它看起來是沿著一條直線走，可是由於它離開不了球面，而球面上兩點之間的最短距離是經過此兩點的大圓（great circle），所以事實上物體走的不是直線，而是沿著大圓的路線。如果我們朝另一個方向，以同樣方式射出第二件物體，這第二件物體則會沿著另一

個大圓前進。我們以爲自己在平面上，所以預期這兩件物體應該隨著時間的流逝，而彼此愈離愈遠。但是仔細觀察後發現，它們走得夠遠之後又會愈走愈近，好像它們會互相吸引那般，當然，它們之間其實並**沒有**引力，一切不過是因爲這個幾何有些「奇怪」罷了。

這個特殊的例子，並未能正確的描述歐氏幾何「奇怪」的地方，但是它示範了只要我們把空間幾何扭曲到某個程度之後，就有可能把重力跟假想力扯上關係。這就是愛因斯坦重力理論的大致觀念。

12-6 核 力

在本章結束之前，我們且簡短討論另一種已知的力——**核力**。這種力存在於原子核內，雖然相關的討論很多，但是還沒有人曾經計算出兩個原子核之間的作用力，而且目前尚無人知道核力的定律。我們所知道的只是核力的作用範圍極爲有限，大約跟原子核的尺寸相若，約 10^{-13} 公分而已。由於涉及的粒子是那麼小，而距離也那麼近，牛頓定律已不再正確，只有量子力學才適用。而在分析原子核時，我們不再使用力的觀念，我們用粒子之間交互作用的能量這一個觀念來取代力的觀念，我們以後會討論這個主題。目前任何有關核力的公式，都是相當粗略的近似而已，它們皆忽略掉了許多複雜情況。以下就是一例：由於我們大概知道原子核內的力並不跟距離平方成反比，而是在某一定距離內以指數函數的形式衰退，於是有人把它寫成 $F = (1/r^2)\exp(-r/r_0)$，其中的距離 r_0 大約是 10^{-13} 公分。換句話說，這種力量在 10^{-13} 公分範圍以內非常強大，一旦粒子之間的距離超過了這個距離，此力便消失不見了。

就目前所知，核力依循的定律非常複雜，還沒有辦法以簡單的

方式來理解核力，而且我們還未能分析出核力背後的基本機制。人
們在尋找答案的過程中，倒是發現了一大群奇怪的粒子，例如 π 介
子等，但是關於核力的來龍去脈，仍然是一團迷霧。

第13章

功與位能

■
13-1　落體的能量
13-2　重力所做的功
13-3　能量的總和
13-4　大物體的重力場

| 13-1　落體的能量

在第 4 章裡面，我們曾經討論過能量守恆，不過當時並沒有用到牛頓定律。其實我們要是能夠根據牛頓定律，來推導出能量的確是守恆的，那當然是很有意思的事。為了要讓人容易明白，我們先從最簡單的情形開始，然後再談比較困難的例子。

能量守恆的最簡單例子是垂直下墜的自由落體，即只在垂直方向下落的物體。如果自由落體的下落或改變高度，是受到重力的影響，則它都具有兩種能量，一是跟運動有關的動能 T（或寫成 K.E.），另一則是跟高度有關的位能 U（或寫成 P.E.），U 等於 mgh，兩者之和則會維持為一定值：

$$\underset{\text{K.E.}}{\tfrac{1}{2}mv^2} + \underset{\text{P.E.}}{mgh} = \text{定值}$$

也就是

$$T + U = \text{定值} \tag{13.1}$$

現在我們要證明上式真的成立，怎麼證明真的成立，這是什麼意思？根據牛頓第二定律，我們很容易知道物體如何運動，也不難看出來其速度如何隨著時間改變，也就是說，我們很容易知道物體的速度與時間成正比，而高度的變化與時間平方成正比。所以如果我們測量物體所在位置的高度，以它開始下落之前的位置做為「零點」，我們會發現，物體下落的距離等於速度平方乘上一個定值。不過這還嫌不太夠，讓我們再進一步更仔細的分析。

讓我們**直接**從牛頓第二定律去導出動能如何隨時間變化。我們所要做的就是取動能對時間的導數，然後代入牛頓定律。當我們把

$\dfrac{1}{2}\,mv^2$ 對時間微分，由於我們假設了 m 是定值，所以得到

$$\frac{dT}{dt} = \frac{d}{dt}\,(\tfrac{1}{2}mv^2) = \tfrac{1}{2}m2v\,\frac{dv}{dt} = mv\,\frac{dv}{dt} \qquad (13.2)$$

根據牛頓第二定律，$m(dv/dt) = F$，因此

$$dT/dt = Fv \qquad (13.3)$$

一般情況下，上式應該等於力跟速度的內積 $\mathbf{F}\cdot\mathbf{v}$，但在我們這個一維運動（自由落體）的例子裡，動能變化率等於力乘速度就可以了。

　　在我們這個簡單例子裡，力是定值，等於 $-mg$，是垂直的力（負號表示作用方向為向下），而速度當然是物體的垂直位置（高度 h）隨時間改變的變化率 dh/dt。因此，物體的動能變化率，等於 $-mg(dh/dt)$。真是神奇，這個式子竟然等於另一樣東西的變化率！它也就是 mgh 的變化率！只是兩者的符號相反。這意思就是，隨著時間過去，動能跟 mgh 兩者的變化率，剛好相等且相反，所以動能跟 mgh 加起來的和永遠維持不變。於是能量守恆由此獲得證明。

　　以上是我們從牛頓第二運動定律證明，力為固定的情況下，把一物體的位能 mgh 跟它的動能 $\dfrac{1}{2}\,mv^2$ 加在一塊，總能量不隨時間而變。現在讓我們看看，是否可以推廣這個結果，這樣將會增進我對於能量這概念的瞭解。能量守恆是否只適用於自由落體，或者在一般情況也適用？

　　首先我們考慮稍微複雜一些的情形，那就是我們不讓物體無牽無掛的自由下落，而是把它擺在沒有摩擦力的曲線軌道上，然後藉著重力的影響，讓它沿著曲線軌道下滑（見次頁的圖 13-1），從上面對於能量守恆的討論，我們預期能量守恆在此情況下也會成立。

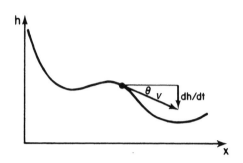

圖 13-1　物體受重力影響，沿著無摩擦曲線的軌道下滑。

　　雖然物體的速度方向不再是垂直往下，但是當物體從原來的高度 H 下降到高度 h，則(13.1)式仍應該適用。我們想要瞭解**為什麼**如此。讓我們再重做一次同樣的分析，找出動能的時間變化率，這個變化率還是等於 $mv(dv/dt)$。其中 $m(dv/dt)$ 是動量變化率，也就是跟**運動方向相同的力**——切線力 F_t。因而

$$\frac{dT}{dt} = mv\,\frac{dv}{dt} = F_t v$$

這時物體的速率是沿著曲線的距離變化率，即 ds/dt。而切線力 F_t 當然不會等於 $-mg$，而是要小了一些，還要乘上垂直距離 dh 和沿著曲線距離 ds 的比 dh/ds。換句話說，

$$F_t = -mg\sin\theta = -mg\,\frac{dh}{ds}$$

所以

$$F_t\,\frac{ds}{dt} = -mg\left(\frac{dh}{ds}\right)\left(\frac{ds}{dt}\right) = -mg\,\frac{dh}{dt}$$

由於上下兩個 ds 抵消，而得到了 $-mg(dh/dt)$。我們發現在此情況下，動能的變化率仍然跟自由落體的情形一樣，等於位能 mgh 的變化率。

能量守恆怎麼在力學中普遍適用？為了要確切瞭解這種情形，我們將討論幾個有助於分析的觀念。

首先我們討論動能在三維空間中的變化率。三維空間裡的動能是

$$T = \tfrac{1}{2}m(v_x^2 + v_y^2 + v_z^2)$$

把上式兩邊對時間微分，得到三個嚇人的項：

$$\frac{dT}{dt} = m\left(v_x\frac{dv_x}{dt} + v_y\frac{dv_y}{dt} + v_z\frac{dv_z}{dt}\right) \tag{13.4}$$

但是 $m(dv_x/dt)$ 其實就是 F_x，亦即沿著 x 方向對物體作用的力，因而我們可以把(13.4)式的右邊簡化為 $F_xv_x + F_yv_y + F_zv_z$。請回想一下第 11 章中討論過的向量分析，你們應該能夠認出這正是 $\mathbf{F}\cdot\mathbf{v}$，所以

$$dT/dt = \mathbf{F}\cdot\mathbf{v} \tag{13.5}$$

這個結果，可以更快的用下述方式推導出來：如果 $\mathbf{a}$ 跟 $\mathbf{b}$ 為兩個向量，而它們都可能隨著時間在變，則 $\mathbf{a}\cdot\mathbf{b}$ 的導數一般說來就是

$$d(\mathbf{a}\cdot\mathbf{b})/dt = \mathbf{a}\cdot d\mathbf{b}/dt + (d\mathbf{a}/dt)\cdot\mathbf{b} \tag{13.6}$$

我們讓上式裡的 $\mathbf{a} = \mathbf{b} = \mathbf{v}$，則 $d(\mathbf{v}\cdot\mathbf{v})/dt = 2(d\mathbf{v}/dt)\cdot\mathbf{v}$；因此動能變化率

$$\frac{d(\frac{1}{2}mv^2)}{dt} = \frac{d(\frac{1}{2}m\mathbf{v}\cdot\mathbf{v})}{dt} = m\frac{d\mathbf{v}}{dt}\cdot\mathbf{v} = \mathbf{F}\cdot\mathbf{v} = \mathbf{F}\cdot\frac{d\mathbf{s}}{dt} \quad (13.7)$$

　　因為動能跟一般能量的觀念非常重要，因此出現於上式中的主要幾項都被賦予名稱。譬如我們已知道 $\frac{1}{2}mv^2$ 叫做**動能**。而 $\mathbf{F}\cdot\mathbf{v}$ 叫做**功率**（power）：作用於物體的力乘上物體的速度（即這兩個向量的純量積），是該力傳給物體的功率。由此我們得到一個了不起的定理：**物體的動能變化率，等於作用於物體的力所費的功率。**

　　雖然如此，要瞭解能量守恆，光有這個定理還不夠，我們還得做更進一步的分析。現在讓我們計算一下在很短時間 dt 內的動能變化，如果我們把(13.7)式的兩邊各乘以 dt，則可以發現動能的在 dt 時間中的變化，等於作用力與物體移動距離的純量積：

$$dT = \mathbf{F}\cdot d\mathbf{s} \quad (13.8)$$

如果我們將它積分起來，則得到

$$\Delta T = \int_1^2 \mathbf{F}\cdot d\mathbf{s} \quad (13.9)$$

　　這個式子是什麼意思呢？它告訴我們，如果一件物體受到力的影響，而**以任何方式**沿著某條曲線路徑從第 1 點移到了第 2 點，那麼物體的動能變化等於該力沿著曲線上的分量，乘上微小位移 $d\mathbf{s}$ 後，從第 1 點到第 2 點的積分。此積分也有特別的名字，稱為**力對物體所做的功**。我們立即可以看出來，上述的**功率就是每秒或每單位時間內力所做的功**，我們還可以看出來，只有**沿著運動方向**的力的分量對所做的功有貢獻。在我們簡單的落體例子裡，重力是垂直的，所以只有一個分量，那就是 F_z，等於 $-mg$。所以不管這件物

體是以什麼樣的路徑移動，例如拋物線路徑，物體的 $\mathbf{F} \cdot d\mathbf{s}$ 在展開成 $F_x\,dx + F_y\,dy + F_z\,dz$ 之後，只剩下 $F_z\,dz = -mg\,dz$。因此，在此簡單的情況下

$$\int_1^2 \mathbf{F} \cdot d\mathbf{s} = \int_{z_1}^{z_2} -mg\,dz = -mg(z_2 - z_1) \qquad (13.10)$$

所以我們又發現，不管物體是怎麼掉落下來的，其位能只和落下的**垂直高度**有關。

這兒我們要順便談一談其中涉及的單位問題，由於力的單位是牛頓，而力乘以距離得到功，所以功的單位應該是**牛頓‧公尺**（N‧m），但是人們不喜歡說牛頓‧公尺，他們喜歡說**焦耳**（joule，或 J）。1 牛頓‧公尺就稱為 1 焦耳。至於功率的單位，就是每秒焦耳，也稱為**瓦特**（watt，或 W）。如果我們把瓦特數乘以時間，得到的就是所做的功。電力公司計算居家用電情形，精確的講就是用瓦特數乘以時間，這是所謂一千瓦小時（kilowatt hour），也就是 1,000 瓦特乘以 3,600 秒，或是 3.6×10^6 焦耳的由來。

接下來，我們要舉另外一個能量守恆的例子。先讓我們想像一件在地板上的物體，假設它最初有相當多的動能，以非常高的速度在地板上運動。不過由於物體跟地板之間有摩擦力，使得移動速度慢了下來，最後終至停止。開始時它在動，動能當然**不是**零，而最後動能**變成**了零，其間顯然是有力對它做了功，因為只要有摩擦，跟運動方向相反的方向總是有摩擦力，所以動能不停在減少。

但是如果我們把一件物體固定在一根有樞軸的棍子之另一端，讓它在重力影響之下，於垂直平面上擺動，我們假設沒有摩擦力。這時的情況和以前不同，因為在擺動的過程中，物體往較高處移動時，對它作用的重力方向固然是垂直向下的，然而在它往較低處移

動時，重力還是垂直向下。往高處移動時物體的 $\mathbf{F} \cdot d\mathbf{s}$ ，與往低處移動時的 $\mathbf{F} \cdot d\mathbf{s}$ ，正負符號相反。同一點上的 $\mathbf{F} \cdot d\mathbf{s}$ ，無論在往高處移動的路徑上，或往低處移動時所做的功，大小完全相等，可是正負號卻相反。因此在這個例子中， $\mathbf{F} \cdot d\mathbf{s}$ 積分的淨結果為零。物體回到最低點時所具有的動能，跟它當初離開最低點時沒有兩樣，這就是能量守恆原理。

（比較前後這兩個例子裡的情況，我們注意到，一旦有摩擦力牽涉在內，能量守恆看起來似乎就不成立。如果能量守恆是普遍的現象，那麼在前一個例子中，我們必須找出另一種能量的**形式**。事實上，在物體之間發生摩擦時，會產生**熱**，不過在此階段，我們按理還暫時不知道這件事。）

13-2　重力所做的功

接下來我們要討論的問題，遠比上面的例子來得難。因為不像前面那些例子，下面所涉及的力，不再是固定不變的，也不只是垂直的力。我們要考慮的是，譬如說，繞太陽運轉的行星，或是繞地球運轉的衛星。

首先我們考慮一件物體，開始時從某一點（第 1 點）**直接**落向太陽或地球（見圖 13-2）。在這樣的情況下，能量守恆定律仍會成立嗎？這個例子和先前自由落體的區別只在於，重力會隨著物體移

圖 13-2　小質量 m 在重力影響下，落向大質量 M 。

動而**改變**，不再是定值。我們知道重力等於 $-GM/r^2$ 乘以運動物體的質量 m。且毫無疑問的，當物體落向太陽或地球時，它的動能會隨著距離 r 的減少而增加，這和先前我們不必擔心力會隨高度而變時的情況是類似的。這兒我們的問題是，能否找出一個不同於 mgh 的位能公式，以距離 r 的函數形式呈現，使得能量守恆仍然能夠成立？

這個一維的情形很容易處理，因為我們知道這動能的變化，等於 $-GMm/r^2$ 乘以位移 dr（亦即 $\mathbf{F} \cdot d\mathbf{s}$），從頭到尾的積分：

$$T_2 - T_1 = -\int_1^2 GMm \frac{dr}{r^2} \tag{13.11}$$

由於重力跟位移的方向相同，上面這個式子用不著另外乘上它們之間夾角的餘弦（$\theta = 0$，$\cos \theta = 1$）。且式子中 dr/r^2 的積分不難，結果是 $-1/r$，所以(13.11)式變成

$$T_2 - T_1 = +GMm \left(\frac{1}{r_2} - \frac{1}{r_1} \right) \tag{13.12}$$

如此我們得到了一個不同的位能公式，(13.12)式告訴了我們，無論在第 1 點、第 2 點、或其他任何一處來計算（$\frac{1}{2} mv^2 - GMm/r$）這個量，它都等於固定值。

這兒我們找到了一個在重力場中做垂直運動時計算位能的公式，這也讓我們聯想到一個有趣的問題，那就是能否在重力場中做**永恆運動**？我們知道重力場可以改變，不同位置上可以有不同方向跟不同強度。那麼我們可否如此安排一下：利用固定的、無摩擦的軌道，從某一點開始，把物體提高到另一點，然後沿著一條弧線到達第三點，接著再降低一段距離、爬一段坡、斜繞出去……最後還

是回到起點上。物體沿著軌道繞了一圈之後，是否有可能讓重力對它做了一些功，使得物體的動能變大了一些呢？我們是否能夠設計出這麼一條軌道來，讓物體繞了一圈回到起點時，速度會變得比開始時稍微快一些，那麼物體就會繼續繞著同一個圈子不停的轉，因而產生了永恆運動。

　　由於永恆運動是不可能的事，所以我們在這兒也應該會發現上述的情況是不可能的。我們應該會發現下面這個看法：由於一路上都沒有摩擦力，物體在轉了一圈回到起點時，速度應該跟出發時相同，既未增快，也未慢下來──因此在任何封閉路徑上，物體應該都能夠繼續不停繞圈子。換言之，**繞完了整個一圈，重力所做的總功應該是零**，因為只要不是零的話，我們就能從繞圈子的運動裡得到能量。

　　（如果我們發現功小於零，物體回到起點時的速度會變慢，那麼只要把方向反過來繞圈子，功就會大於零，而速度也變快了。原因是重力只跟位置有關，跟運動的方向無關；所以若是從一個方向做的功為正值，從另一方向所做的功會是負值。所以，除了總功等於零之外，在任何其他不等於零的情況下，一定有一個方向會讓物體進行永恆運動。）

　　物體在重力場中繞了一圈，重力對它所做的總功真的是零嗎？讓我們證明它的確是。首先我們要大致解釋一下它為何是零，然後進一步用數學方法檢驗一番。

　　譬如我們用圖 13-3 所示的路徑，把小質量 m 從第 1 點送到第 2 點，然後讓它沿著圓弧從第 2 點移到第 3 點，改方向回頭到達第 4 點，又幾經轉折，經過了第 5、6、7、8 點，最後回到第 1 點。所有的線段都不出兩種，要不是以質量 M 為中心的徑向線段，就是以質量 M 為中心的圓弧。現在讓我們逐段分析看看，把質量

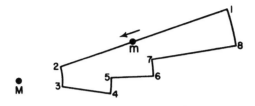

<u>圖 13-3</u>　重力場中的一條閉合路徑

m 順著這條路徑運送一圈的話，一共要做多少功？從第 1 點到第 2 點之間所做的功，等於 GMm 乘以這兩點 $1/r$ 之間的差：

$$W_{12} = \int_1^2 \mathbf{F} \cdot d\mathbf{s} = \int_1^2 -GMm \frac{dr}{r^2} = GMm \left(\frac{1}{r_2} - \frac{1}{r_1} \right)$$

從第 2 點到第 3 點，重力跟移動方向成直角，所以 $W_{23} = 0$。接著第 3 點到第 4 點之間所做的功為

$$W_{34} = \int_3^4 \mathbf{F} \cdot d\mathbf{s} = GMm \left(\frac{1}{r_4} - \frac{1}{r_3} \right)$$

同樣的分析之下，我們可以得到 $W_{45} = 0$，$W_{56} = GMm(1/r_6 - 1/r_5)$，$W_{67} = 0$，$W_{78} = GMm(1/r_8 - 1/r_7)$，以及 $W_{81} = 0$。然後把它們全加起來，得到總功為

$$W = GMm \left(\frac{1}{r_2} - \frac{1}{r_1} + \frac{1}{r_4} - \frac{1}{r_3} + \frac{1}{r_6} - \frac{1}{r_5} + \frac{1}{r_8} - \frac{1}{r_7} \right)$$

但是我們發現 $r_2 = r_3$、$r_4 = r_5$、$r_6 = r_7$、$r_8 = r_1$，所以 $W = 0$。

當然你大概會懷疑，上面所舉的這條封閉路徑未免有些太簡單了一點，如果我們改用一條**真實**曲線，結果還會一樣是零嗎？我們來看看。首先我們也許會想認定，真正的曲線都可以由一連串的鋸齒形小階梯來模擬，正如同圖 13-4 中所顯示的那樣，再利用剛才的推理，就可以證明走了一圈所做的功為零！不過除非我們稍做一點分析，否則也不能一眼就瞧出即使繞著一個小三角形所做的功也為零。

讓我們把一個小階梯的三角形放大了來瞧瞧，就像圖 13-4 裡下方的三角形那樣。我們想知道的是，從 a 點先經過 b 點才到達 c 點所做的功，是否跟從 a 點直接來到 c 點所做的功相同？假設力是沿著某個方向，我們安排讓，譬如說，三角形的 bc 邊正好沿著力的方向，ab 邊則跟重力方向垂直。同時我們假設這個三角形夠小，使得整個三角形所受到的重力都一樣。那麼從 a 點直接來到 c

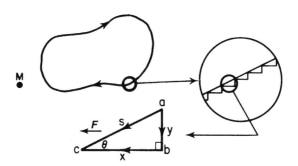

圖 13-4　一個「平滑的」封閉路徑。其中任何的一小段，都可以用一連串由極短的徑向及圓弧線段組成的小階梯來逼近。圖右是把一段平滑曲線放大，以突顯其中的微小階梯；圖下則是把個別小階梯放大。

點，重力所做的功是若干呢？由於力的大小是固定的，所以所做的功是

$$W_{ac} = \int_a^c \mathbf{F} \cdot d\mathbf{s} = Fs \cos \theta$$

其次我們計算，若是走三角形的另外兩邊，所做的功又是若干呢？在垂直的 ab 邊上，力跟 ds 成直角，所以 $W_{ab} = 0$。而在水平的 bc 邊上

$$W_{bc} = \int_b^c \mathbf{F} \cdot d\mathbf{s} = Fx$$

因為 $s \cos \theta$ 跟 x 相等，所以我們發現，走三角形夾直角的兩邊，跟走三角形的斜邊，所做的功相同，也就是無論從哪方向，繞行該三角形三邊一周，所做的功等於零。

　　前面我們已經證明，對任何由徑向及圓弧線段組成封閉路徑（如圖 13-3 所示）來說，繞行一周所做的功等於零。現在我們知道，如果不願意拐來拐去，換走捷徑或斜邊，所得到的結果也是一樣（只要鋸齒三角形尺寸夠小，而我們永遠可以將這些鋸齒形取得非常細小）。因此**在重力場中，繞行任何路徑一周所做的功都等於零**。

　　這是一個非常了不起的結果，它告訴我們一些與行星運動有關、但以前不知道的事實。它告訴我們行星在繞太陽運轉時（假設沒有其他物體在附近，沒有其他的力存在），行星在軌道上任何一個位置的速率的平方減去某個常數除以該位置離開太陽的距離，這個值是個定值，和行星所在位置無關。例如，行星離開太陽愈近，它的運動速率也會變得愈快，但會快多少呢？如果我們有辦法改變

行星的運動方向（但維持速率大小），使它沿著徑向運動。然後我們讓它從某個特定的半徑向下落至我們感興趣的半徑，則此時的新速率就正是行星在真實軌道上該有的速率，因為這只是複雜軌道的另一個例子而已。只要我們回到同樣的距離，動能也會相同。所以不論行星是沿著軌道自然運行，還是因路徑改變而被迫改變方向，只要沒有摩擦力介入，當行星來到某一點時，動能都一樣。

因此，當我們對軌道上的行星運動作數值分析時，就像先前所作的那樣，我們可以隨時核算行星在不同位置上的總能量（動能加上位能），看看是否發生了不該出現的錯誤，因為總能量應該是不變的。對於表 9-2 中的軌道而言，我們卻發現能量會改變★，從頭到尾差不多有 1.5% 的差異。為什麼呢？可能的原因有二，一是在做數值分析時，我們所選用的間隔並非無窮小，二是我們的算術運算出現了些許錯誤。

現在讓我們考慮另一個例子裡面的能量：一根彈簧上連接著一個質量的問題，當我們把質量從平衡位置（$x = 0$）挪開到 x 位置時，彈簧的恢復力跟位移成正比。在這樣的情況下，我們是否能夠導出能量守恆律呢？答案是肯定的，因為此恢復力所做的功是

$$W = \int_0^x F\,dx = \int_0^x -kx\,dx = -\tfrac{1}{2}kx^2 \qquad (13.13)$$

所以這個連接在彈簧上的質量在做振盪運動時，動能加上 $\dfrac{1}{2}\,kx^2$ 的和，都會等於一個定值。讓我們看看這個結論實際上是怎麼回事。

★ 原注：依照表 9-2 中所用的單位，行星在軌道上任何一個位置上每單位質量的能量等於 $\dfrac{1}{2}\,(v_x{}^2 + v_y{}^2) - 1/r$。

我們把質量拉到 x 位置後停下來，所以它的速度等於零。但是 x 不等於零，這時的 x 是最大值，因此這裡面蘊藏著一些能量，當然就是位能囉。這時候我們放開質量，讓質量開始運動（這兒且先不談其中的細節），然而在任何一刻，質量的動能跟位能之和必然等於一個定值。比方說，在質量經過原來平衡位置的那一剎那，x 等於零，但是它的 v^2 卻會是最大值。之後物體的 x^2 漸漸變大，v^2 卻跟著漸漸變小。該質量雖然上上下下的往返，x^2 跟 v^2 之間卻一直保持著互補的平衡關係，由此我們又得到一個法則，那就是如果彈簧的恢復力等於 $-kx$，它的位能就是 $\frac{1}{2} kx^2$。

13-3　能量的總和

現在我們要繼續討論更一般性的狀況，即物體數目很多的情形。假設我們面對許多物體在一起的複雜狀況，我們分別把這些粒子標上 $i = 1$、2、3……等號碼，而它們彼此之間都以重力在相互吸引，那麼會發生什麼事情呢？這兒我們想要證明的是，不論發生何事，如果把所有粒子的動能全給加起來，然後再加上每**對**粒子之間的相互位能 $-GMm/r_{ij}$，得到的總和是一個定值：

$$\sum_i \tfrac{1}{2}m_i v_i^2 + \sum_{(ij對)} -\frac{Gm_i m_j}{r_{ij}} = \text{定值} \qquad (13.14)$$

我們如何證明上式成立呢？讓我們把它的左右兩邊都對時間微分，那麼雙方的導數都應該是零。在微分 $\frac{1}{2} m_i v_i^2$ 時，如同(13.5)式那樣，我們應該會得到力跟速度的純量積。由於這些力都是重力，因此我們可以用牛頓的重力定律公式取代這些力，發現結果正好就是

$$\sum_{\text{每一對}} - \frac{Gm_i m_j}{r_{ij}}$$

對時間的導數的負值。動能對時間的導數（動能的變化率）可寫成

$$
\begin{aligned}
\frac{d}{dt} \sum_i \tfrac{1}{2} m_i v_i^2 &= \sum_i m_i \mathbf{v}_i \cdot \frac{d\mathbf{v}_i}{dt} \\
&= \sum_i \mathbf{F}_i \cdot \mathbf{v}_i \\
&= \sum_i \left(\sum_j - \frac{Gm_i m_j \mathbf{r}_{ij}}{r_{ij}^3} \right) \cdot \mathbf{v}_i
\end{aligned}
\tag{13.15}
$$

而位能對時間的導數則是

$$\frac{d}{dt} \sum_{\text{每一對}} - \frac{Gm_i m_j}{r_{ij}} = \sum_{\text{每一對}} \left(+ \frac{Gm_i m_j}{r_{ij}^2} \right) \left(\frac{dr_{ij}}{dt} \right)$$

但是

$$r_{ij} = \sqrt{(x_i - x_j)^2 + (y_i - y_j)^2 + (z_i - z_j)^2}$$

所以

$$
\begin{aligned}
\frac{dr_{ij}}{dt} &= \frac{1}{2r_{ij}} \left[2(x_i - x_j)\left(\frac{dx_i}{dt} - \frac{dx_j}{dt} \right) \right. \\
&\qquad + 2(y_i - y_j)\left(\frac{dy_i}{dt} - \frac{dy_j}{dt} \right) \\
&\qquad \left. + 2(z_i - z_j)\left(\frac{dz_i}{dt} - \frac{dz_j}{dt} \right) \right] \\
&= \mathbf{r}_{ij} \cdot \frac{\mathbf{v}_i - \mathbf{v}_j}{r_{ij}} \\
&= \mathbf{r}_{ij} \cdot \frac{\mathbf{v}_i}{r_{ij}} + \mathbf{r}_{ji} \cdot \frac{\mathbf{v}_j}{r_{ji}}
\end{aligned}
$$

由於 $\mathbf{r}_{ij} = -\ \mathbf{r}_{ji}$，$r_{ij} = r_{ji}$。因此

$$\frac{d}{dt} \sum_{每一對} -\frac{Gm_i m_j}{r_{ij}} = \sum_{每一對} \left[\frac{Gm_i m_j \mathbf{r}_{ij}}{r_{ij}^3} \cdot \mathbf{v}_i + \frac{Gm_j m_i \mathbf{r}_{ji}}{r_{ji}^3} \cdot \mathbf{v}_j \right] \quad (13.16)$$

這兒我們必須特別注意 $\sum_i \{ \sum_j \}$ 跟 $\sum_{每一對}$ 的意思。在(13.15)式中，$\sum_i \{ \sum_j \}$ 的意思是說 i 需要依次取 $i = 1, 2, 3,$ ……等值，而在 i 每取了一個值時，指數 j 就得取除了 i 以外的所有值。譬如在 $i = 3$ 時，j 就得取 1, 2, 4, ……等值（注意裡面獨缺 3）。

然而(13.16)式中，$\sum_{每一對}$ 則是指由任何兩個不同數值 i 與 j 的配對只能出現一次，諸如 1 號與 3 號這一對粒子對總和的貢獻只有一項或一回。為了做到這一點，我們可以這麼辦：i 仍然依次取 $i = 1, 2,$ 3, ……等值，但每次取了一個 i 值時，j 就只能取**比 i 大**的值。也就是說，比方當 $i = 3$ 時，j 就只能取 4, 5, 6, ……等值。

不過我們注意到，(13.16)式中的每一對 i 跟 j 對總和有兩項貢獻，一項是跟 $\mathbf{v}_i$ 有關，另一項則跟 $\mathbf{v}_j$ 有關，這兩項的形式跟(13.15)式一樣，後者中，**所有**的 i 跟 j 值都包括在總和中（除了 $i = j$ 之外）。若是把(13.16)式展開，然後拿去跟(13.15)式的展開式逐項比較，我們會發現，除了後者多出了一個負號，(13.16)式跟(13.15)式正好完全相同，因此動能的時間導數加上位能的時間導數，的確等於零。

所以我們瞭解，在有許多個物體的情況下，**全部動能就是各物體本身動能加起來的總和**。而全部的位能也很簡單，就是每一對物體之間位能**加起來的總和**。**為什麼**會是這樣的呢？我們可以用下述方式來理解：假設我們想知道把這些物體搬到它們目前的位置，總共必須做多少功？這件事可以分幾步做，每一步只把一件物體從無窮遠處搬到它現在的位置。首先我們搬來第一件物體，這時我們不

需要做功,因為其他物體都還不在場,所以沒有物體會對它施力。
跟著搬來第二件物體,這次不同,因為有第一件物體在場,所以必
須做些功才行,由重力定律我們知道是 $W_{12} = - Gm_1m_2/r_{12}$。接下
來,這是很重要的一點,我們把第三件物體搬過來。在搬動過程中
的任一時刻,它所受到的力,正好是第一件跟第二件物體分別對其
所施的力之和。如果第三件物體所受的力 $\mathbf{F}_3$ 可以分解成兩力之和

$$\mathbf{F}_3 = \mathbf{F}_{13} + \mathbf{F}_{23}$$

那麼**所做的功,即等於這兩力各自所做的功之和**。而這功就是

$$\int \mathbf{F}_3 \cdot d\mathbf{s} = \int \mathbf{F}_{13} \cdot d\mathbf{s} + \int \mathbf{F}_{23} \cdot d\mathbf{s} = W_{13} + W_{23}$$

這也就是說,搬動第三件物體所做的功,等於抗衡第一個力所
做的功,加上抗衡第二個力所做的功,就好像這兩力是獨立運作一
樣。照著這樣進行下去,我們可以看得出來,把所有的物體全搬到
了現在的位置所需要做的總功,正好是(13.14)式中的位能。這是因
為重力遵守力的疊加原理,所以我們可以把總位能寫成每對物體或
粒子之間位能的總和。

13-4　大物體的重力場

接下來我們將計算在一些物理狀況下會遇到的重力場,這些場
合牽涉到**分布開來的質量**。在此之前,我們所考慮的物體或粒子,
它們的質量都被看成是集中在一個點上。現在我們要分析計算的,
不只是粒子(只有質量而沒有體積),而是質量分布所造成的重
力。首先讓我們來計算一下,一片無限伸展的平面物質,對位於 P

點上一單位質量所產生的重力是多少？當然重力的方向是朝向並垂
直於這平面的（見圖 13-5）。讓我們假設 P 點跟平面上的最近點 O
之間的距離為 a，而這塊巨大平面上的質量分布是均勻的，每單位
面積上的質量 μ 是一個定值。

我們想要知道的是，如圖上所示，平面上和 O 點的距離為 ρ
跟 ρ + dρ 之間的質量 dm，在 P 點上產生的重力場 dC 為多少？答
案是 dC = − G(dm**r**/r³)。但是這個力場的方向是跟 **r** 一致的，不過
我們也知道，把所有 dC 小向量全部加起來時，dC 在 y 跟 z 方向
上的分量，因為對稱的關係，會互相抵消掉，剩下來的只是 dC 在
x 方向上的分量而已：

$$dC_x = -G \frac{dm\, r_x}{r^3} = -G \frac{dm\, a}{r^3}$$

我們看到平面上所有同樣離 P 點為距離 r 的小塊質量 dm，都
對 P 點產生了相同大小的 dC_x。這些小塊質量合起來，就是以 O
為中心在半徑 ρ 跟 ρ + dρ 之間的那個**圓環**總質量，而圓環面積等
於 2πρ dρ（如果 dρ 比起 ρ 來非常小的話），圓環上的總質量就是
dm = μ2πρ dρ，代入上式，則

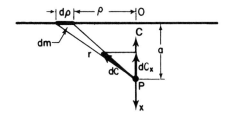

圖 13-5　由一無限延伸的平面物質，對一質量點所產生的重力 F。

$$dC_x = -G\mu 2\pi\rho \, \frac{d\rho a}{r^3}$$

然後，由於 $r^2 = \rho^2 + a^2$，$\rho \, d\rho = r \, dr$，所以

$$C_x = -2\pi G\mu a \int_a^\infty \frac{dr}{r^2} = -2\pi G\mu a \left(\frac{1}{a} - \frac{1}{\infty} \right) = -2\pi G\mu \quad (13.17)$$

　　我們發現此力場的強度居然與距離 a 無關！為什麼？難道是我們算錯了？因為我們都會以為，P 點離平面愈遠，力應該變得愈弱才是。但事實上並不是這樣！原因是，當 P 點離平面近些（即 a 變小）時，大部分的質量都只能以不利的角度吸引 P 點上的質量（使得在 P 點上的總重力場，亦即在 x 方向上的「有效」力場分量 dC_x，會因角度的關係反而變小）。反過來說，如果我們把 P 點挪遠一些，平面上就會有較多的質量，以比較有利的角度吸引 P 點上的質量。

　　對於任一距離來說，產生吸引力最有效的質量落在某一圓錐（在平面上的圓錐底面）內。距離愈遠，因為力以距離平方反比的關係而變小，但在同一頂角角度的圓錐中，底面的**質量也會增大**，正好與距離平方成正比。經過進一步分析，我們可以注意到，任一給定的圓錐，底面上的質量對於重力的貢獻實際上與距離無關。因為一旦距離改變，一定的質量對於重力場的貢獻也會跟著改變，而這種變化和圓錐底面內所含質量隨著距離的變化恰成反比。請注意，這個力並不是真的固定不變，因為當 P 點穿過平面到了另一邊時，這個力的方向會顛倒過來，也就是重力場的正負號會反過來。

　　事實上，我們也同時解決了一個電學上的問題：如果我們有一塊帶電荷的平板，上面每單位面積的電荷為 σ，則在平板外的任何一點上，電場的大小等於 $\sigma/2\epsilon_0$。如果平板上的電荷為正，則電場

的方向朝外；若電荷爲負，則電場方向朝內。爲了證明此電場公式成立，我們只需要把上面的重力場公式(13.17)式中的負重力常數 $-G$，以電場常數 $1/4\pi\epsilon_0$ 替代（並把 μ 改爲 σ）即可。

假如我們有兩塊平行的平板，一塊上帶著正電荷 $+\sigma$，而另一塊上則帶著負電荷 $-\sigma$，兩板之間的距離爲 D。那麼電場情形又是如何呢？我們發現在這兩平板的外側，電場都是零，爲什麼呢？因爲對兩平板外側任一電荷來說，這兩塊平板的作用力剛好一爲吸引，一爲排斥，而大小則相同，**都跟距離無關**，因而兩作用力互相抵消！但是兩塊平板**之間**的情況則不同，各點上的電場大小，顯然是只有一塊平板單獨存在時的兩倍，也就是 $E = \sigma/\epsilon_0$。電場的方向則是從帶正電的平板到負電平板，與平板垂直。

現在我們來到一個極其有趣的重要問題，長久以來，人們都假設這個問題的解是這樣子的：地球對地表上或地球外任何一點所造成的重力，就好像地球的全部質量都集中在球心上時所產生的重力一樣。這個假設是否正確呢？的確很難一眼就看得出來，原因是當我們靠近時，有些質量離我們非常近，而另一些則離得較遠，非常複雜。當我們把所有的效應都加起來，淨力恰好是正如我們把所有質量集中於球心所產生的力，這似乎是個奇蹟！

我們就要證明，這個看似奇蹟的假設其實是正確的。怎麼證明呢？我們先僅僅考慮一中空、均勻的球殼，而不考慮整個地球。假設這層球殼的總質量爲 m，我們來計算一下，一個離球心 O 的距離爲 R，而質量爲 m' 的粒子（見次頁的圖 13-6），它的**位能**究竟是多少？我們想證明這時的位能跟球殼質量 m 全部集中在球心 O 時的位能相同。（這兒之所以計算位能，而非力場，是因爲位能不需考慮角度的問題，計算起來比較簡單。我們需要做的，只是把球殼上每一小塊質量對位能的貢獻全加起來就成了）。

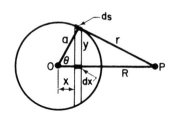

圖 13-6　具有質量或帶電荷的薄球殼

如圖所示，假設有一平面與 OP 連線相垂直，此平面離球心 O 的距離為 x。考慮球面與寬度為 dx 的切片的交集，此交集為一環帶；環帶上的質量與 P 的距離皆為 r，所以環帶對於位能的貢獻等於 $-Gm'\,dm/r$。那麼環帶上的質量 dm 又是多少呢？由圖上我們可以看得出來

$$dm = 2\pi y\mu\, ds = \frac{2\pi y\mu\, dx}{\sin\theta} = \frac{2\pi y\mu\, dxa}{y} = 2\pi a\mu\, dx$$

上式中 $\mu = m/4\pi a^2$ 為球殼表面的質量密度。（此式告訴我們一個通用法則，那就是球面上環帶的面積，跟它的軸向寬度 dx 成正比。）於是 dm 對於位能的貢獻等於

$$dW = -\frac{Gm'\,dm}{r} = -\frac{Gm'2\pi a\mu\, dx}{r}$$

但是我們在圖上看到

$$r^2 = y^2 + (R - x)^2 = y^2 + x^2 + R^2 - 2Rx$$
$$= a^2 + R^2 - 2Rx$$

兩邊微分，得到

$$2r\,dr = -2R\,dx$$

也就是

$$\frac{dx}{r} = -\frac{dr}{R}$$

於是

$$dW = \frac{Gm'2\pi a\mu\,dr}{R}$$

所以

$$W = \frac{Gm'2\pi a\mu}{R}\int_{R-a}^{R+a} dr$$

$$= -\frac{Gm'2\pi a\mu}{R}\,2a = -\frac{Gm'(4\pi a^2\mu)}{R} \tag{13.18}$$

$$= -\frac{Gm'm}{R}$$

因此，對於這個球殼來說，球殼外一質量 m' 的位能，和球殼的質量全都聚集在球中心時的位能是相等的。由於我們可以把地球想像成由一系列的球殼組成，每一層球殼對位能的貢獻，只取決於球殼的質量 m、質量 m'、以及 m' 到球心的距離。我們把這些球殼的貢獻全加起來，會得到地球的**總質量**，所以地球對於 m' 的作用就好像所有的質量全都集中在球心一樣。

但以上是 P 點位於球殼外面的情形，如果 P 點在球殼**內**的話，球殼對它的影響又會是怎樣呢？我們用跟剛才相同的方式計算一下，只是這回因為 P 點在球殼之內，即 R 小於球殼半徑 a，以致於運算過程中，在把 dr 積分的時候，得從 $r = a - R$ 積到 $r = a +$

R，得到的積分值是 $a - R - (a + R) = -2R$，即負 2 倍至球心的距離。也就是說，最後的結果成了 $W = -Gm'm/a$，變成了**與 R 無關**，也就是說，一旦粒子進入球殼後，不論跑到其中**什麼位置**，位能都相同。

所以物體在球殼內運動時，不會感受到力的作用，重力不會對它做功。如果無論物體在球內哪一處都會有相同的位能，則它就不會受到力。球殼只對外面的粒子產生重力，而此重力就好像球殼所有的質量全都集中在球心上一樣。

第14章

功與位能（結論）

■
14-1　功

14-2　受約束運動

14-3　保守力

14-4　非保守力

14-5　位勢與場

14-1　功

　　在上一章中，我們提出了許許多多新的觀念跟結果，它們都在物理學中居核心地位。這些觀念非常重要，實在值得我們另外花上一整章的篇幅來更仔細的探討一下。不過在本章中，我們的重點不再是去重複那些獲致結果的「證明」或是特殊技巧，而是放在這些觀念本身。

　　當我們學習任何牽涉到數學的專門科目時，需要瞭解跟記憶一大堆事實與觀念，這些東西之間存在著許多可以「證明」或「顯示」的關係。不過，人們經常把證明本身與其所建立的關係混爲一談；但是，顯然的，我們需要搞清楚跟記下來的是這些關係，而不是那些證明。

　　在所有的例子中，我們要麼就只說某某事情是「可以證明的」，要不然就去把它證明出來。但是幾乎在所有例子中，所用的證明方法都是精心策劃的。首先，證明的形式要能夠容易快速的寫在黑板或紙上，所以看起來都極端順暢。因此，這些證明或許會在表面上看起來很簡單，而事實上作者很可能在事前已經花費數個小時的時間，去試驗、比較計算同樣東西的各種方法，直到他找出最妙的方法，能在最短時間內完成證明的任務！所以當我們審視證明時，要記住的不是那個證明方法，而是我們**能夠證明**某某事情是眞的。當然啦！如果證明中牽涉到某些前所未見的數學步驟或「技巧」，那麼我們不應該只注意這些技巧，而是應該注意所涉及的數學概念。

　　我確實知道的是，作者我在講解這門課時，所用的示範證明方式，沒有一樣是從我修大一物理課時所記下的，我所記得的只是某

某事情爲眞而已。如果遇到需要解釋如何證明這些事情的場合，我會在那時候再來發明證明的方法。任何人只要眞正的學會了一個課題，就應該能夠遵循類似的步驟，將證明寫下來。光死背證明是沒有用的。這也是爲什麼在本章裡，我們將避免去證明前面已提到過的種種結果，而只是扼要的將它們整理出來。

　　第一個必須消化的觀念是**力所做的功**，物理所說的「功」跟日常生活中的「工作」或「勞動」，英文都是 work，但意義上卻不相同。物理上的功是以式子 $\int \mathbf{F} \cdot d\mathbf{s}$ 表示，這個式子的唸法是「F 跟 ds 純量積的線積分」。它的意思是假如力的方向跟受到該力作用的物體所做的位移方向有所不同時，則**只有沿著位移方向的力的分量**得以做功。譬如說，如果力的方向跟強度都不變，而位移爲一有限距離 $\Delta \mathbf{s}$，那麼力在此小段距離內對物體所做的功，僅僅是該力沿著 $\Delta \mathbf{s}$ 方向的分量乘上 Δs。所以雖說功的定義是「力乘以距離」，它實際上指的是，沿著位移方向的力的分量乘上 Δs。而我們也同樣可以說，它等於跟力方向相同的位移分量乘上 $\mathbf{F}$。和位移方向垂直的力，顯然是做不了功的。

　　現在如果我們把位移向量 $\Delta \mathbf{s}$ 解析成幾個分量，說得具體一些就是，如果實際的位移爲 $\Delta \mathbf{s}$，我們要把它看成是，在 x 方向有個分量 Δx，y 方向有個分量 Δy，以及 z 方向有個分量 Δz。如此一來，在計算把一個物體從某一位置運送到另一位置所做的功時，我們可以分成三個獨立的部分，就是分別在 x 方向、y 方向、跟 z 方向上所做的功。我們知道，x 方向上所做的功只牽涉到 x 方向上的力的分量 F_x，另外在 y 跟 z 方向上亦然，所以整個功應該等於 $F_x \Delta x + F_y \Delta y + F_z \Delta z$。

　　如果力並不是固定的，而且物體做複雜的曲線運動，則我們必須把物體的路徑分成許多小段的 $\Delta \mathbf{s}$，然後計算出運送物體經過每一小段 $\Delta \mathbf{s}$ 所做的功，把這些功加起來，然後令 $\Delta \mathbf{s}$ 趨近於零，所得

到的極限值就是所做的功，而這也就是「線積分」的意思了。

　　剛才我們所說的種種，全都包含在 $W = \int \mathbf{F} \cdot d\mathbf{s}$ 這個簡單的公式裡。你不能不承認，這的確是個很了不起的公式，不過如要弄清楚它的意義和一些結果，可就是另外一回事了。

　　前面我們說過，物理學的「功」一辭跟日常生活中的「勞動」，意義上有很大的差別，所以我們得注意到在一些特殊的情況下，兩者是完全不同的。比方說，根據物理學上功的定義，如果一個人提著離地的 100 磅重的東西一陣子，那麼他並沒有做任何功。然而，在場的每個人都看到他很快就開始冒汗、發抖、呼吸急促，就像他跑著上樓梯似的。可是，跑著上樓梯，以物理學的觀點來看**是**在做功（其實根據物理，當人**下樓梯**時，他還從大自然獲得了功！），但是僅僅把重物舉在手裡不動，物理學認為這沒有做功。所以物理學跟生理學上，對功的定義顯然不同，我們將簡單的討論一下。

　　事實上，當人用手舉一個重物時，必須做「生理學」上的功，不然，為什麼他會出汗？為什麼他需要消耗食物才能舉起重物？為什麼他體內的新陳代謝機器全速啟動，僅僅為了舉起重物？其實我們只要把重物擱在桌子上，就可以絲毫不費力氣的讓那個重物離地停在那兒；桌子不動聲色的立在那兒，也用不著提供它能量，就能把重物保持在離地相同的高度！

　　就生理學的觀點而言，情況是這樣子的：人跟其他動物身上的肌肉分為兩種，其中一種叫做**橫紋肌**（striated muscle）或**骨骼肌**（skeletal muscle），例如我們手臂上的那種肌肉，受到意志的控制。另一種則叫做**平滑肌**（smooth muscle），諸如我們腸胃裡的肌肉，以及蛤蜊裡的閉殼肌（adductor muscle）。平滑肌的動作非常慢，卻能夠保持住固定的姿態，也就是，如果那個蛤蜊試圖要把自己的硬殼

關到某一個位置，那麼牠不但能讓貝殼關到那個位置，即使承受很大的外來改變力量，牠還能保持那個姿勢。而且蛤蜊能夠長時間抵抗外力、維持姿勢，而不疲倦，就像前述的桌子支持重物一樣。關鍵是平滑肌本身能固定成一定形態，其中的分子暫時鎖定，變成了硬體支架，因而不需繼續做功，蛤蜊也不需要繼續使力。

而我們舉著東西得花費力氣，純粹是橫紋肌的設計使然。實際的情形是，每當有一個神經脈衝傳送到肌肉時，接收到訊息的肌纖維會立即收縮一下，然後隨即鬆弛下來。所以當我們舉著東西時，必須接連不斷的把神經脈衝傳到需要的肌肉裡，讓其中的許多肌纖維輪流收縮，以支撐住東西。從這裡不難看出，我們在用力過度、變得疲倦之後，為什麼肌肉會發抖。原因在於，神經脈衝來得很不規則，而肌肉累了，反應得不夠快。

為什麼大自然使用如此缺乏效率的方式？我們尚無確切的答案，不過演化的確也還沒能發展出**快速反應**的平滑肌來。若目的只是在支撐重物，平滑肌遠比橫紋肌有效率，因為你只要提起重物後站好，讓平滑肌鎖定，由於不需要做功，也就不再需要消耗能量。然而平滑肌有其缺點，那就是運作速度太過於緩慢。

現在回頭來看物理學，我們也許要問，**為什麼**要計算做了多少功呢？答案是，這麼做是有趣且有用的事，因為作用於一個粒子上所有的力所做的功，正好等於這個粒子動能上的變化。也就是，如果我們用力推一個物體，它的速度會增加，增加了多少呢？用式子表示就是

$$\Delta(v^2) = \frac{2}{m}\,\mathbf{F}\cdot\mathbf{\Delta s}$$

14-2 受約束運動

力跟功另外還有一個有趣的特質。設若我們有一條傾斜或彎曲的軌道，且有一個粒子必須沿著這條軌道做無摩擦運動。或者我們有擺線跟重物組成的擺，由於受到擺線的約束，擺錘只能在以固定點爲中心的圓弧上往返運動。如果我們在擺線的擺動範圍內，釘了一根釘子，當擺線碰到這根釘子後，釘子就會變成新的擺心。因而這個擺錘的運動路徑，由兩段半徑不同的圓弧所組成。以上的例子，都是我們所謂的**固定的無摩擦受約束運動**。

牽涉到固定的無摩擦受約束運動中，這些約束力都未做功，原因是所有約束力的方向永遠跟運動的方向垂直。「約束力」所指的是將物體約束住的力，例如物體跟軌道的接觸力，或是擺線中的張力（tension）。

放在斜坡上的粒子，由於受到重力的影響而往下滑，所牽涉到的力相當複雜，裡面至少包括了約束力跟重力。但是如果我們根據能量守恆，並且**僅考慮重力**，來計算動能變化，居然可以得到正確的結果。這樣似乎有點奇怪，因爲嚴格講，這不是正確的方式，我們應該用**合力**（resultant force）才對。然而，我們卻發現在此情況下，重力對粒子所做的功，正好跟粒子的動能變化相等，因爲合力中的約束力部分完全沒有做功！（見圖 14-1）

此處的要點是：如果作用力可以分解成兩「項」或更多「項」，則合力沿著某一曲線所做的功，等於各個「分項」力所做的功之和。所以，如果我們將作用力看成是幾項效應之和，例如重力加上約束力等等，或是所有力的 x 分量加上所有力的 y 分量，或者何其他分解方式，則淨力所做的功，等於各分力所做的功之和。

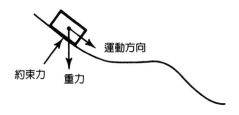

圖 14-1 作用於（無摩擦）滑動中物體的力

14-3 保守力

　　自然界中有某些力例如重力，具有一種非常了不起的性質，這一類力被我們稱成「保守」力（注意這非關政治理念，只是另外一個碰巧有多重字義的「奇怪字眼」而已）。當我們計算一個力讓物體沿著某曲折路徑，從一點到另一點之間所做的功，一般來說，功應該會因為採取的路徑不同而有所差異。但是在一些特殊情況下，作用力所做的功只跟起點與終點的位置有關，而和所行路徑無關。我們稱這種力為保守力（conservative force）。

　　也就是說，如次頁圖 14-2 所示，如果我們沿著 A 路徑，計算力乘位移的積分，以求得從第 1 點到第 2 點所做的功，然後又沿著 B 路徑積分，結果發現兩次得到的焦耳數相同。如果對於第 1 點與第 2 點之間**所有的路徑**來說，此作用力所做的功都相等，而且這樣的結果對於**任意兩點**間的所有路徑也成立，那麼我們就可以說，這個作用力為保守力。在這種情況之下，我們可以容易的算出從 1 到

2 的積分，而且可以將結果用公式表示出來。如果作用力不是保守力，則積分就麻煩多了，因爲我們必須指明是沿著哪一條路徑積分。但是如果功與路徑無關，那麼，當然，功就只取決於 1 與 2 的**位置**。

爲了說明這項觀念，我們且作如下的考量，在圖 14-2 中隨便取一點 P 當作「標準點」，由於作用力是保守力，所做的功跟路徑無關，我們若要計算第 1 點到第 2 點之間做功的線積分，可以改用從第 1 點到 P 點所做的功，加上從 P 點到第 2 點所作的功。而從 P 點到空間中任一特定點所需要做的功，是那一個特定點在空間中位置的函數。當然所做的功跟 P 點的位置也有關係，但由於 P 點是設定的標準點，固定不變。如此一來，從 P 點到第 2 點所做的功，就是第 2 點位置的函數。功隨著第 2 點的位置而改變；我們如果走到另外一點，則所做的功就會不同。

我們把這個位置的函數稱爲 $- U (x, y, z)$，譬如例子中所要的是從 P 點到座標爲 (x_2, y_2, z_2) 的第 2 點所做的功，那麼該函數可以寫爲 $- U (x_2, y_2, z_2)$，或簡稱爲 $-U(2)$。從第 1 點到 P 點所做的功，也等於從 P 點到第 1 點的**反向**線積分 —— 相當於把所有的 ds 倒過

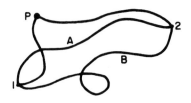

圖 14-2　力場中，兩點之間的幾條可能路徑。

來。因此從第 1 點到 P 點所做的功，應該等於從 P 點到第 1 點所做的功再乘上一個**負號**：

$$\int_1^P \mathbf{F} \cdot d\mathbf{s} = \int_P^1 \mathbf{F} \cdot (-d\mathbf{s}) = -\int_P^1 \mathbf{F} \cdot d\mathbf{s}$$

即從 P 點到第 1 點所做的功等於 $-U(1)$，從 P 點到第 2 點所做的功是 $-U(2)$。所以從第 1 點到第 2 點的積分等於 $-U(2)$ 加上「倒過來的 $-U(1)$」，亦即 $+U(1)-U(2)$：

$$U(1) = -\int_P^1 \mathbf{F} \cdot d\mathbf{s}, \qquad U(2) = -\int_P^2 \mathbf{F} \cdot d\mathbf{s},$$
$$\int_1^2 \mathbf{F} \cdot d\mathbf{s} = U(1) - U(2) \tag{14.1}$$

上面 $U(1)-U(2)$ 這個量就稱爲位能的變化，而 U 就是所謂的位能。我們說當物體位於第 2 點上，它的位能是 $U(2)$，一旦來到第 1 點時，它的位能就是 $U(1)$。如果物體位於 P 點，則它的位能等於零。

假如我們當初選標準點時，選了 Q 點而非 P 點，這麼做對於位能所造成的影響**只在於位能必須多加上一項定值而已**（這個結果留給你們去證明）由於能量守恆只跟能量的**變化**有關，所以當我們把一個定值加在位能上，對於能量守恆這件事完全沒有影響。因此，P 點可以是空間中的任何一點。

我們現在已經知道以下兩點：(1) 作用力對一個粒子所做的功，等於粒子動能的變化；(2) 從數學上來看，保守力所做的功等於函數 U 的變化再乘上一個負號，函數 U 即我們所謂的位能。由這兩點，我們獲得一個結論，那就是**如果只有保守力在作用，動能 T 加上位能 U 維持不變**：

$$T + U = \text{定值} \tag{14.2}$$

現在我們來討論一下幾個不同情況下的位能公式。首先我們要考慮的是均勻的重力場,只要高度跟地球的半徑比較起來不算是很大,則我們可以把重力當作是大小固定的垂直作用力,而它所做的功就只是力乘以垂直距離,也就是

$$U(z) = mgz \tag{14.3}$$

前面我們提過的,位能等於零的標準點 P,恰好是在 $z = 0$ 的平面上的一點。如果我們要說位能等於 $mg(z - 6)$ 也行,當然我們所得到的一切結果仍都一樣,只除了 $z = 0$ 的位能不再等於零,而是 $-mg6$。這麼做不會有什麼影響,因為決定功的重要關鍵是位能差。

接下來我們考慮的是線性彈簧,把彈簧從平衡點壓縮 x 距離所需要的能量為

$$U(x) = \tfrac{1}{2}kx^2 \tag{14.4}$$

位能為零的點是在 $x = 0$ 處,也就是彈簧的平衡位置。當然,我們也可以在位能上加入任意的定值。

另一個情況是,假設有兩個點質量為 M 跟 m,兩者間的距離為 r,則其重力位能為

$$U(r) = -GMm/r \tag{14.5}$$

這裡我們已選用了某個定值以便讓位能在無窮遠處等於零。當然,同樣的式子也適用於電荷之間的位能,因為它們的作用力定律相同:

$$U(r) = q_1 q_2 / 4\pi\epsilon_0 r \tag{14.6}$$

現在讓我們實際運用以上這些公式，看看我們是否瞭解它們的意義。

問題：我們必須以多大的速度發射一架火箭，才能夠讓它脫離地球？

解答：從上面的討論我們知道，動能加上位能必須等於一個定值。題目裡面所謂的「脫離」地球，是指火箭離開地球數百萬英里，如果它只是勉強能夠脫離，那麼我們可以假設它在極遠處的速度爲零，僅勉強能動而已。另外假設地球的半徑爲 a，質量爲 M，那麼火箭剛剛發射的時候，動能加上位能等於 $\frac{1}{2} mv^2 - GmM/a$。而當火箭到達極遠處時，因爲速率幾乎爲零，它的動能可說是等於零，而位能等於 GmM 除以無窮大，也等於零。既然兩者皆爲零，總能量也等於零。所以火箭起動時的總能量也必須爲零，因此 $\frac{1}{2} mv^2 = GmM/a$，也就是初速的平方等於 $2GM/a$。但 GM/a^2 正好是重力加速度 g，於是

$$v^2 = 2ga$$

有趣的是我們前面曾經問過，衛星繞地球運轉時，得跑多快才不會掉下來？我們先前得到的答案是 $v^2 = GM/a$。所以說如果想要完全**脫離**地球，速度最起碼得等於低空**繞**地球運轉所需速度的 $\sqrt{2}$ 倍才行。也就是說，脫離地球所需要的**能量**是繞著地球轉所需能量的**兩倍**（因爲動能跟速度的平方成正比）。所以歷史上，人們首先讓人造衛星繞著地球轉，其速度大約是每秒 5 英里。接下來才是讓人造衛星永遠脫離地球；這麼做所需的能量是前者的兩倍。亦即人造衛星的速度大約是每秒 7 英里。

　　現在繼續討論位能的性質。且讓我們考慮，兩個分子或兩個原子之間的交互作用。就拿兩個氧原子當例子好了，當它們離得很遠時，彼此之間有個相吸引的力存在，跟距離的七次方成反比；而當它們靠得非常近時，其間的作用力轉變成了非常大的斥力。如果我們把上述作用力中，跟距離的七次方成反比的遠距離部分拿來積分，我們就得到該區域內的位能 U，U 是兩氧原子間徑向距離的函數，在距離較大的時候和距離的六次方成反比。

　　如果我們把位能 $U(r)$ 畫成圖，畫出來的就是圖 14-3。我們且從 r 較大的那一端看起，起先位能曲線跟距離的六次方成反比，在到達某一點 d 時，位能變成最小值。這個出現於 $r = d$ 的位能最小值有什麼物理意義呢？我們可以這麼分析：如果我們從 d 點出發，然後移動很小很小的一點距離，則我們所做的功——也就是位能的變化——幾乎等於零，因為在曲線最谷底的部分，位能的變化極微小。既然所做的功幾乎為零，這代表在 $r = d$ 這一點上並沒有任何作用力，所以這一點是平衡點。

　　另外一個說明 d 點是平衡點的方法是，從 d 點不論是向裡或向

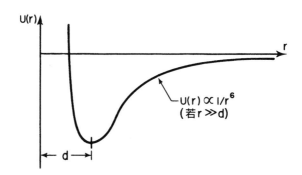

圖 14-3　兩個原子之間的位能，為距離的函數。

外移動都需要做功，當這兩個氧原子「安定」了下來，使得它們之間的作用力再也無法釋放出能量，則它們處在最低能量狀態，因此兩個氧原子之間的距離正是 d。這就是氧分子在溫度很低時的情形。如果將它加熱，裡面的兩個原子就會開始搖動，兩者間的距離便增大。事實上，我們可以讓它們完全分開，但這麼做需要某些功或能量，這項能量即是 $r = d$ 跟 $r = \infty$ 之間的位能差。當我們想要推擠這兩個原子、讓它們非常靠攏時，發現所需的能量增加得非常快，因為它們彼此之間的斥力變得很大。

我們之所以討論這些是因為在量子力學中，**力**的觀念並不特別適用，**能量**才是量子力學中最自然的觀念。在討論介於核物質之間與分子之間等較為複雜的作用力之時，我們發現力及速度等觀念都不再出現，但是能量這觀念仍舊存在。所以在量子力學書本裡，我們會看到像圖 14-3 那樣的位能曲線，但是絕少看到兩個分子之間作用力的曲線圖，因為到了量子力學時代，人們早就已經改用能量這個觀念而不用力的概念來思考問題。

其次我們注意到，如果有好幾個保守力同時作用於一物體時，則該物體的位能等於各力單獨所產生位能之和。這跟我們前此提過的見解相同，由於任何力都可以看成數個力的向量和，所以合力所做的功，為各分力單獨所做的功之總和，而我們也可以用每一項位能個別的變化來分析力。總之，物體的總位能等於各位能之和。

我們可以把這項觀念推廣到有交互作用的多物體系統中，例如包括了木星、土星、天王星等的行星系統，或是由氧、氮、碳等組成的原子系統。其中每一對成員之間，都經由保守力在互相影響。在這情形下，整個系統的動能，就等於其中每一個原子或行星或其他任何東西，各別動能加起來的和。而系統的總位能，則是把每一對粒子交互作用產生的位能加起來之總和，而在計算這些粒子對的

位能，可以把其他粒子當作不存在一般。（不過，這種做法並不適用於分子力。後者的公式還要複雜一些，對於重力來說，這麼做當然是對的。對於分子力來說，這麼做只算是一種近似而已。分子力系統也具有位能，但有時這位能是很複雜的原子位置函數，而非僅僅把每對原子的位能加起來就可以了事）。

在只有重力的特殊情形下，總位能爲所有 ij 對之間位能 $-Gm_im_j/r_{ij}$ 的總和，如上一章(13.14)式所指出的那樣。(13.14)式乃是以數學表示以下看法：全部動能加上全部位能，不會隨時間而變。當各個行星各自在公轉、自轉時，如果我們計算它們的全部動能加上全部位能，就會發現總和始終保持不變。

14-4　非保守力

我們剛才花費了不少時間討論保守力，那麼非保守力呢？我們對於這一點的探討將比平常的討論更爲深入，我們要說自然界中根本沒有所謂的非保守力！因爲事實上，自然界中一切基本力似乎都是保守力，這不是由牛頓定律推導出來的結果。事實上，就牛頓本人所知，力有可能是非保守力，摩擦力就是一個看似非保守力的很好例子。當我們說摩擦力**看似**非保守力，我們可是採用了現代的觀點。因爲如今我們已經發現，這些表面現象底下所牽涉到的力，也就是粒子之間最基本的各種力，全都是保守的。

譬如，我們分析從天文照片上看到的巨大球狀星團系統，其中成千上萬個星球，彼此都有交互作用。這個系統的總位能就是把每一對星球的位能，一項一項加起來；而總動能則是每一顆星球動能的總和。我們注意到，整個星團也在太空中漂移；而且如果我們離得夠遠，看不清楚星團裡的詳細情形，我們可以把整個星團看成只

是一個物體而已。這時候如果有某些外力對星團作用，那麼其中可能有一部分力，的確用在推動整個星團，讓它往前移動。同時另外一部分力卻「浪費」在增加星團系統中各「粒子」的位能跟動能上。譬如說，這部分的力所做的功，使得星團向外擴張，並讓其中一些粒子的運動加快了一些。

整個星團的總能量事實上仍是守恆的。但光憑我們的眼睛，只看得見整個星團的動向，看不見星團內部各種混亂局面的消長，而只把整個星團當成一個「粒子」，來考量它的動能，這樣一來，當然能量看起來就不是守恆的了。但這種情況完全是因為我們對於所見的現象瞭解不足。事實上，只要觀察得夠仔細，世界中的總能量，即動能加上位能，永遠是一個定值。

當我們從原子層次對物質做最細微的研究，我們會發現要把一件東西的能量分開成動能跟位能兩部分，不見得永遠是**容易**做到的事情，而且也不一定有此必要。雖然有時做起來困難，但**絕大多數**的情況下，動能跟位能還是可以分得開。所以就讓我們假設在所有的情況之下**的確**永遠可以分得開，而且世界上一切位能加動能是個定值。只要「世界」可看成孤立的物質，且沒有外力介入，那麼世界中的總動能加位能就是定值。

然而，就像我們已經瞭解的，東西的動能跟位能，有些部分可能是內含不露的，例如我們沒有覺察的內部分子運動。我們知道在一杯水裡面，所有東西都擺動不定，各部分都不停的運動，所以其內有某些動能。但是通常沒有人會注意到這些現象。我們沒有注意到原子的運動，這些運動會產生熱，所以我們不將它叫做動能，不過熱主要就是動能。至於內位能，舉例來說，也能夠以化學能的形式存在：當我們燃燒汽油，它會釋放出能量，那是因為在這個化學變化的前後，新的原子組合形式內所含的位能，比原來組合形式的

位能要低了些。

不過嚴格來講，熱並非完全是動能，其中還摻雜了一些位能，而化學能同樣也不完全是位能，所以我們把兩種形式的能量擺在一起來說，物體內的全部動能跟位能，部分是熱，部分是化學能等等。無論如何，所有這些不同形式的內能量，由於上述原因，有時會被認爲是「失落的」能量。以後我們討論熱力學時，會講解得更清楚一些。

再舉一個例子，那就是在有摩擦力的情況下，雖然原來在滑動的物體停了下來，看起來動能似乎就這樣不見了，但事實上不然。物體的運動速度固然沒了，然而裡面的原子卻因動能增加，而動得更快、更劇烈，我們看不見原子的動靜，卻可以用量溫度的方法探測出來，證明能量並未消失。當然，如果我們不考慮熱能，那麼能量守恆定理看起來便無法成立了。

另外一種狀況也會讓能量守恆看起來不成立，那就是我們只考慮到整個系統中的一部分。如果系統中的某樣東西和系統之外的另一種東西交互作用，而我忽略掉了這項交互作用，則能量守恆定理看起來當然就不成立。

古典物理中，位能只涉及重力與電力，如今我們已經知道，還有核能等其他形式的能量。例如，光在古典理論中，會牽涉到一種新型的能量，但是只要我們願意，我們也可以把光的能量想像成光子的動能，於是(14.2)式仍然成立。

14-5 位勢與場

現在我們要討論一些跟位能以及**場**有關的觀念。首先假設有兩件大型物體 A 跟 B，以及一個非常小的物體，小物體受到前兩者

的重力吸引，且這兩重力的合力為 **F**。在第 12 章中，我們已經提
到，一個粒子所受到的重力可以寫成粒子的質量 m 乘以另一個向
量 **C**，而向量 **C** 只跟粒子的**位置**有關：

$$\mathbf{F} = m\mathbf{C}$$

　　如此在分析重力時，我們可以想像空間中的每一個點上，都有
一個由該點位置決定的某個向量 **C**，「作用」於該點上的質量；
不過此向量 **C** 的存在，跟該點上有無質量並沒有關係。向量 **C** 有三
個分量，而每一個分量都是該點空間位置(x, y, z)的函數。這樣的東
西就是一種**場**，我們可以說，是 A 物體跟 B 物體**產生**了場，亦即
它們「製造出」向量 **C**。當一個物體被放在一個場裡面時，物體
上所受到的力，等於它的質量乘上該物體所占位置上的場向量。

　　我們也能依樣畫葫蘆，對位能做同樣的分析。由於位能是力向
量 **F** 跟 $d\mathbf{s}$ 的純量積的積分，因此位能可寫成 m 乘以場向量跟 $d\mathbf{s}$ 純
量積的積分，這前後兩種積分只差了質量 m 這個因子而已。我們
可以看得出來，位於空間中(x, y, z)這一點上的物體，它的位能 $U(x,
y, z)$可以寫成 m 乘以另一個函數，叫做**位勢**（potential）Ψ，也就是
$\int \mathbf{C} \cdot d\mathbf{s} = -\Psi$，正如 $\int \mathbf{F} \cdot d\mathbf{s} = -U$；兩者之間只差了一個比例因數
m：

$$U = -\int \mathbf{F} \cdot d\mathbf{s} = -m\int \mathbf{C} \cdot d\mathbf{s} = m\Psi \qquad (14.7)$$

　　我們知道了空間中每一點的 $\Psi(x, y, z)$這個函數之後，就能夠立
即計算出位於(x, y, z)點上物體的位能，也就是 $U(x, y, z) = m\Psi(x, y,
z)$。表面上看，這麼做是件無聊的事。實際上此舉非同小可，因為
有時候用純量函數 Ψ 來描述力場，要比用向量函數 **C** 要來得方便
多了；Ψ 函數在空間中每一個點上只有一個值，而 **C** 在空間每一

點上有三個分量。尤其是當力場是來自好些個散布各處的質量時，由於 Ψ 是非向量，計算總 Ψ 值只需要把個別的 Ψ 值加起來就行，用不著考慮方向上的問題。而且待會兒我們會證明，從 Ψ 可以很容易的回過頭來求出場 **C**。假設在第 1 點、第 2 點⋯⋯上，各有質點 m_1、m_2⋯⋯，我們希望知道，在任意一點 P 上的重力位勢 Ψ。這不過就是把每一個質量在 P 點上造成的位勢，統統加起來而已：

$$\Psi(p) = \sum_i - \frac{Gm_i}{r_{ip}}, \quad i = 1, 2, \ldots \tag{14.8}$$

在上一章裡，我們曾經用過這條公式（也就是一點上的位勢，等於各個物體單獨在該點上所形成位勢之總和）去計算在一層球殼上的質量，對一特定點所造成的位勢。我們的做法就是把球殼上每一部分對於位勢的貢獻加起來。我們把這項計算的結果作圖，得到的就是圖 14-4。

Ψ 是負值，$r = \infty$ 時，Ψ 等於零；然後依著 $1/r$ 的函數關係變化，直到半徑 $r = a$。等到 r 小於 a，也就是進入了球殼之後，位

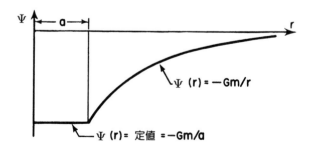

圖 14-4　由半徑為 a 的球殼所造成的位勢

勢會維持爲一定值。在球殼外面的空間中，任一點上的重力位勢等於 $-Gm/r$ ， m 是球殼的質量，而此位勢正好跟同樣的質量聚集在球心時所造成的位勢相同。但是此兩種狀況下的位勢並非**處處**相同，因爲到了球殼內，位勢變成了 $-Gm/a$ ，是一個不再隨著 r 變化的定值！如果所有質量都集中在球心，那麼位勢永遠會隨 r 而變，並不會是定值。

　　當位勢爲一不變的定值時，就沒有力場，或者說，當位能爲定值時，就沒有力。原因是如果我們把球殼內的一物體從任何一處移往他處，所做的功都等於零。爲什麼會這樣呢？把物體從一處移往另一處所做的功，等於該物體在兩點的位能差再乘上一負號（或者說，相關的力場積分就是位勢上的變化）。但在球殼內，同一物體在任一點上的位能都**相等**，所以位能並沒有變化，因此移動該物體所做的功爲零。我們不用做功就可以將物體移往任意方向，唯一的可能性就是完全沒有力存在。

　　這給了我們一個線索，告訴我們如何從位能獲知力或場的存在。假設我們已知在 (x, y, z) 位置上一件物體的位能，我們想知道作用於該物體上的力爲何？不過，僅只知道這一個點上的位勢，並不足以計算出我們所要的答案來，我們還得需要知道它附近一些點上的位勢才行。

　　爲什麼呢？我們得先想想如何才能計算出力的 x 分量？（如果可以算出 x 分量，當然就可以算出 y 分量跟 z 分量，於是我們就知道了這個力的大小跟方向的全部細節。）怎麼計算呢？我們可以想像把物體朝 x 方向挪動很小的距離 Δx ，只要 Δx 夠小，那麼力對物體所做的功，應該等於力的 x 分量乘上 Δx ，也應該等於從一點挪到另一點時的位能變化：

$$\Delta W = -\Delta U = F_x \Delta x \tag{14.9}$$

上面我們只是套用了公式 $\int \mathbf{F} \cdot d\mathbf{s} = -\Delta U$，但是走過的路徑**很短**而已。接下來我們用 Δx 去除式子的兩邊，求得該分力：

$$F_x = -\Delta U/\Delta x \qquad (14.10)$$

當然上式只是近似值而已，若要求得正確答案，我們得讓 Δx 愈變愈小，然後取(14.10)式的極限，因爲只有在 Δx 變成無窮小的時候，該式才**絕對**正確。我們認得這就是求 U 對 x 的導數，所以我們馬上想到把它寫成 $-dU/dx$。但 U 同時還是 x、y 跟 z 的函數，微分這樣的函數得特別小心。

爲了讓我們記住，當我們在做微分時，我們目前只改變了 x 而已，並沒有改變 y 與 z，數學家發明了一個不同的符號，用「左右顛倒的 6」，也就是 ∂，取代了 d。（也許在當初發明微積分的時候就，應該採用 ∂，而不要用 d，因爲我們一見到分子跟分母裡各有一個 d，總會有把它們消掉的衝動，∂ 純粹是個符號，似乎不會造成這種念頭。）所以數學家把它寫成 $\partial U/\partial x$，甚至一開始時，他們覺得有必要非常小心，還主張特別在後面畫一條直線，且在低處用小字寫上 yz（即 $\partial U/\partial x|_{yz}$），意思是「讓 y 跟 z 保持爲常數，求 U 對 x 的導數」。但是在絕大多數的情況下，我們都把後面那條線，以及保持爲常數的 y 跟 z 給省略了，因爲這個意思從上下文裡通常可以看得出來。不過，我們永遠會用 ∂ 去取代 d，以警示此爲有其他變數被視作常數的導數。這叫做**偏導數**（partial derivative），表示在此導數內，我們只變動 x。

所以我們發現，x 方向上的力等於 U 對 x 的負偏導數：

$$F_x = -\partial U/\partial x \qquad (14.11)$$

同理，y 方向上的力則可經由 U 對 y 偏微分求出，這時我們把 x 跟

z 當作常數。至於第三個分量，當然就是 U 對 z 微分，這時把 x 跟
y 當作常數：

$$F_y = -\partial U/\partial y, \quad F_z = -\partial U/\partial z \qquad (14.12)$$

以上就是從位能求取作用力的辦法。我們也以用完全相同的方式，
從**位勢**求得**力場**的各個分量：

$$C_x = -\partial \Psi/\partial x, \quad C_y = -\partial \Psi/\partial y, \quad C_z = -\partial \Psi/\partial z \qquad (14.13)$$

　　說到這兒，我們附帶提一下另一個我們暫且還不會用到的符
號：由於 $\mathbf{C}$ 是向量，具有 x、y、z 三個分量，分別等於位勢 Ψ
在各方向上的偏微分，用來表示這個想法的符號則是 $\partial/\partial x$、
$\partial/\partial y$、跟 $\partial/\partial z$。這三個符號能產生 $\mathbf{C}$ 的 x、y、z 分量，所以有些
類似向量，於是數學家創造出一個很妙的新符號 ∇，並且把它叫做
「梯度」（gradient）。梯度不代表任何數量，它是一個**算符**，用來把
純量轉換成爲向量。梯度本身也有下述三個「分量」：x 分量爲
$\partial/\partial x$、y 分量爲 $\partial/\partial y$、z 分量爲 $\partial/\partial z$。

　　有了這個符號之後，妙的是，我們可以把剛才的公式簡寫爲：

$$\mathbf{F} = -\nabla U, \quad \mathbf{C} = -\nabla \Psi \qquad (14.14)$$

我們可以利用 ∇，去快速檢驗出是否有一個眞正的向量方程式。其
實上面這個(14.14)式中的力，意義上跟(14.11)式與(14.12)式完全
一樣，只是寫法有異罷了。由於我們不喜歡每次都得寫三條式子，
所以才用簡單的 $\mathbf{F} = -\nabla U$ 代替。

　　再舉一個跟電有關的場跟位勢的例子。在電學上，一個靜止不
動的物體所受到的電力，等於電荷乘上電場，即 $\mathbf{F} = q\mathbf{E}$。（一般
說來，力的分量除了電場的影響之外，當然還有一部分取決於磁

場。不過在第 12 章裡面,我們可以很容易從(12.11)式看出來,磁場對帶電粒子的作用力,永遠跟粒子的速度方向垂直,同時也跟磁場的方向垂直。因為運動中電荷所受到的磁力,總是跟它的速度垂直,所以磁力**不會**對運動中的電荷**做任何功**。因此我們計算在電磁場中運動的帶電粒子的動能時,磁場的貢獻可以忽略,因為它不會改變動能。)

我們可以假設該處只有電場存在,如此一來就可以用計算重力的同樣方法,來計算電場裡的電荷能量,或者說是所做的功。我們可以計算在某一點上的一個量 ϕ,它等於任意選的一固定點到某一點之間 $\mathbf{E} \cdot d\mathbf{s}$ 的積分,而電場中的位能,就等於電荷乘上這個量 ϕ。用數學式表示就是:

$$\phi(\mathbf{r}) = -\int \mathbf{E} \cdot d\mathbf{s}$$
$$U = q\phi$$

讓我們再用以前提過的兩塊平行金屬板當作例子。一塊上的表面電荷是每單位面積 $+\sigma$,另一塊則是 $-\sigma$,這樣的裝置稱為平行板電容器(parallel-plate capacitor)。上次我們發現在兩金屬板的外側沒有電場,但是在兩板之間有一固定電場,方向是從 + 到 −,大小

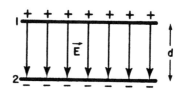

圖 14-5　兩平行金屬板中間的電場

爲 σ/ϵ_0（見圖 14-5）。

　　現在我們想知道的是，把其中一塊板上的一個電荷運送到另一塊板上，所需要做的功是多少？我們知道功等於「力向量跟 $d\mathbf{s}$ 純量積的積分」，也可寫成電荷量乘以第 1 塊板跟第 2 塊板的電位差：

$$W = \int_1^2 \mathbf{F} \cdot d\mathbf{s} = q(\phi_1 - \phi_2)$$

因電場固定，電荷在其中所受到的力是固定的，因此用積分求所需要做的功不難，假設這兩塊板之間的距離爲 d，則

$$\int_1^2 \mathbf{F} \cdot d\mathbf{s} = \frac{q\sigma}{\epsilon_0} \int_1^2 dx = \frac{q\sigma d}{\epsilon_0}$$

　　這個位勢的差，$\Delta\phi = \sigma d/\epsilon_0$，就叫做**電位差**（voltage difference），而 ϕ 的計量單位爲伏特（volt）。當我們說兩塊金屬板充電到多少電壓，意思是指兩金屬板的電位差爲若干伏特。由兩平行金屬板組成的電容器如帶有表面電荷 $\pm\sigma$，則兩板之間的電壓或電位差等於 $\sigma d/\epsilon_0$。

第15章 狹義相對論

■

15-1　相對性原理

15-2　勞侖茲變換

15-3　邁克生－毛立實驗

15-4　時間的變換

15-5　勞侖茲收縮

15-6　同時性

15-7　四維向量

15-8　相對論性動力學

15-9　質能等效

15-1　相對性原理

　　在牛頓提出其運動方程式之後兩百多年間，人們一直深信這些運動方程式正確的描述了大自然現象。當第一次有人發現這些定律出錯之時，改正這個錯誤的方法也同時被找出來了。這兩項發現，都是愛因斯坦在 1905 那一年完成的。

　　牛頓的第二定律，可以用數學方程式表示如下：

$$F = d(mv)/dt$$

方程式裡的 m 雖沒有人明白說出來，但一直想當然耳的被認為是個定值。但是我們現在知道，這是錯的，物體的質量會跟著速度增加。在愛因斯坦改正後的公式裡，m 的值等於：

$$m = \frac{m_0}{\sqrt{1 - v^2/c^2}} \tag{15.1}$$

公式裡的 m_0 是所謂的「靜質量」（rest mass），代表物體在靜止時的質量。c 是光速，約為每秒 3×10^5 公里，或是每秒 186,000 英里。

　　如果你學習相對論的目的，只是為了解問題的話，相對論就是這麼多了。它只是把一個質量的修正因子，加進到原來的牛頓定律中而已。從愛因斯坦的公式裡面，我們很容易看得出來，在一般情況下，質量的增加非常之小。即使圍繞著地球運轉的人造衛星，有著每秒 5 英里的速度，我們若把 v/c = 5/186,000 代入上式，所計算出來的質量修正值，也只有原質量的二、三十億分之一而已。那麼

微小的差異，幾乎根本不可能觀測出來。但是事實上，人們已經觀測到許多種速度近乎是光速的粒子，而充分的證實了愛因斯坦的公式。不過由於通常情況下，這種效果是那麼微小，所以能夠先從理論上發現，然後再以實驗證實，確實是一件了不起的事。

如果速度夠快，這個修正效應在實驗上會變得非常大，非常明顯，但問題是此效應不是這樣發現的。因此，當初如何透過結合實驗與物理推論，而發掘出一個如此微妙的定律修正，的確是非常有意思的事。有好幾位人士對這項發現頗有貢獻，但是最後總其成的人是愛因斯坦。

愛因斯坦的相對論有前後兩個，這一章要討論的是狹義相對論（special theory of relativity），是愛因斯坦在 1905 年發表的。 1915 年，愛因斯坦發表了另外一套理論，稱為廣義相對論（general theory of relativity）。稍後的這套理論，是把狹義相對論推廣到重力定律上去，我們在這一章不會討論廣義相對論。

最早談到相對性原理（relativity principle）的人是牛頓，在討論運動定律時提出以下的講法：「在一既定空間範圍內之各個物體，無論此空間係靜止狀態，抑或沿一直線以等速度運動，各個物體之相對運動皆相同。」這段話的意思是，如果有一艘太空船在太空中以等速度飄流，所有在太空船裡面進行的實驗，以及太空船裡面的一切物理現象，看起來都和太空船沒在移動一樣。當然這得有個條件，太空船內的觀測者不准往船外看。

這就是相對性原理的意義，是個相當簡單的觀念。唯一的問題是，是否**真的**這樣：在一個運動系統內所做的一切實驗，裡面的物理定律都看起來跟那個系統靜止不動時完全相同？

現在讓我們先看看牛頓定律在運動系統內看起來是否都一樣。假設那一個叫老莫的人，一直以等速度 u 朝著座標系 x 方向運動，

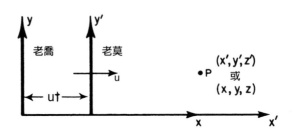

圖 15-1　沿 x 軸以等速度相對運動的兩個座標系

如圖 15-1 所示，他測量某一個定點 P 的位置，發現 P 在 x 方向上的距離為 x'。另外一位先生老喬則站立著不動，也同時測量 P 的位置，並指明 P 在 x 方向上的距離為 x。他們兩位所用的座標系之間的關係，圖上畫得一目瞭然。我們假定這兩個座標系原來的原點重疊，經過一段 t 時間後，老莫座標系的原點已經移動了一個距離 ut，則：

$$
\begin{aligned}
x' &= x - ut \\
y' &= y \\
z' &= z \\
t' &= t
\end{aligned}
\qquad (15.2)
$$

如果我們把這些座標變換代入牛頓定律，就會發現，變換前後的牛頓定律沒有什麼不同。也就是說，牛頓定律的形式在運動系統中跟在靜止系統中一樣。所以我們不可能從力學實驗的結果，去區分座標系是否在移動。

　　這個相對性原理在力學上，已經被人使用經年，許多人都討論

過，其中特別是荷蘭物理學家惠更斯（Christian Huygens, 1629-1695）。他當時為了要找出撞球的碰撞法則，用了一個方法和我們在第 10 章討論動量守恆時所用的方法相同。等到十九世紀，由於開始研究電、磁、光等物理現象，人們對相對性原理的興趣節節高升。很多人透過了一系列的實驗與推理來研究這些現象，最後導致著名的馬克士威電磁場方程式（Maxwell's equations of the electro-magnetic field）。這一組方程式將電、磁、光的物理現象，整合成一個一致的系統。

不過這些方程式看來**不遵守**相對性原理。因為如果我們把前面的(15.2)式代入馬克士威方程式，就會發現**方程式的形式不會維持一樣**。也就是說，一位處於運動中的太空船裡面的觀測者，所看到的光、電現象，跟另一位在靜止太空船中的觀測者所看到的情形不一樣。這麼一來，太空船裡的觀測者就應該可以利用他所見到的光、電現象，來測定他的太空船速率究竟是多少。

馬克士威方程式的結果之一是，如果電磁場中一處發生擾動，因而產生光，此光或電磁波必然會向所有方向射出去，而速率一概等於 c，或相當於每秒 186,000 英里。

另一個結果則是，如果該擾動源本身在移動的話，射出去的光仍然是以 c 通過空間。這就類似於聲波的狀況：聲波的速度也和聲源的速度沒有關係。

由於光速與光源的運動無關，這就引起一個有趣的問題：

假定我們坐在一部車裡，車速是 u。我們後方有一光源，光以光速 c 從車後射來，追過我們的車子。我們把(15.2)式中的第一式對時間微分，得到

$$dx'/dt = dx/dt - u$$

意思是說，根據伽利略變換，即(15.2)式，在車上的我們，若是去測量超越我們而過的光速，它應該不再是 c ，而是 $c-u$ 。比方說，假定車速是每秒 100,000 英里，該光速由我們看來就應該是每秒 86,000 英里。無論如何，如果伽利略變換也適用於光的話，我們就可以經由測量超越我們而過的光速，來測定我們的車速。

　　許多人依據這樣的想法做了各式各樣的實驗，想測量出地球的速度來。結果他們全都失敗了，因為他們**量不出任何速度**。我們待會兒會仔細討論其中的一個實驗，說明這實驗是怎麼做的，什麼地方出現了什麼問題。當然，總有什麼東西出了問題，物理方程式總有地方出錯了。但到底是什麼呢？

15-2　勞侖茲變換

　　當人們知道物理方程式出了問題之後，大家最先的想法是毛病一定出在新的馬克士威方程式。那時候馬克士威方程式出現才 20 年，所以它幾乎是明顯的不對！因此我們應該修改馬克士威方程式，好讓它們在伽利略變換之下，與相對性原理不再牴觸。當人們這麼做了之後，他們發現必須將一些新的項加到方程式中，但這些新的項會預測出實驗上並沒有看到的新電磁現象。所以這麼做是行不通的。

　　如此一來，人們逐漸看清馬克士威方程式的確是正確的，而麻煩是出在別的地方。

　　就在這個時候，荷蘭物理學家勞侖茲（Hendrik Antoon Lorentz, 1853-1928）注意到一件不尋常的妙事：如果把下列的變換代入馬克士威方程式中：

$$x' = \frac{x - ut}{\sqrt{1 - u^2/c^2}}$$
$$y' = y$$
$$z' = z \qquad (15.3)$$
$$t' = \frac{t - ux/c^2}{\sqrt{1 - u^2/c^2}}$$

則馬克士威方程式在此變換下，形式仍然會保持不變！(15.3)式被稱爲**勞侖茲變換**。

愛因斯坦依循著法國數學家龐卡赫（Jules Henri Poincaré, 1854-1912）最初所提的建議，認爲**一切物理定律在勞侖茲變換之下，都應該保持不變**。換言之，我們應該改正的不是電動力學定律，而是力學定律。

那麼我們又如何去改變牛頓定律，使**它們**能夠在勞侖茲變換之下，仍然保持不變呢？在這個目標確定之後，我們就只好試著去重寫牛頓方程式，使它們能夠符合我們所設的條件。結果我們發現，唯一需要更改的地方就是牛頓方程式裡的質量 m，我們得用(15.1)式來取代 m。這麼做了之後，牛頓定律跟電動力學定律就可和諧相處了。那麼，如果我們用勞侖茲變換來比較老莫跟老喬兩人的測量數據，我們將永遠無法知道兩人之中究竟是誰在移動，因爲在彼此的座標系內，所有方程式的形式皆相同。

我們很想瞭解以新的時空座標變換取代舊的變換究竟意義何在，因爲舊的（伽利略）變換似乎是不證自明的事，而新的（勞侖茲）變換看起來很奇怪。

我們想要知道，在邏輯上以及實驗上，這個新的變換是否可能是正確的。爲了揭開這個謎團，我們不能只是從力學裡去找答案，還得和愛因斯坦一樣，去分析我們對**時間**與**空間**的觀念。我們將必

須相當詳細的討論這些想法與其在力學上的意涵；因此我們才能瞭解這新變換。

先把話說在前面，我們所花的功夫將會非常值得，因為結果跟實驗正好吻合。

15-3　邁克生─毛立實驗

前面我提過，有不少人試圖去測定地球在假設的「以太」中的速度，以太照說應該是充滿在所有空間中的。在各種實驗裡面，邁克生（Albert A. Michelson, 1852-1931）跟毛立（Edward W. Morley, 1838-1923）兩位美國物理學家在 1887 年所做的實驗最為著名。他們並沒有量出地球相對於以太的速度，這個結果要等到 18 年後，才被愛因斯坦解釋清楚。

邁克生─毛立實驗是利用一套如圖 15-2 所示的儀器來進行的。這套儀器的主要成分包括一個光源 A、一塊部分鍍銀的玻璃片 B、以及兩面鏡子 C 跟 E，全都固定在一個牢固的架子上。兩面鏡子跟玻璃片 B 之間的距離同為 L，玻璃片 B 把從光源射來的光，分為方向互相垂直的兩束光，各指向一面鏡子，經鏡子反射後又回到玻璃片 B。在同回到玻璃片 B 的時候，這兩束光又再會合到了一塊，成為疊加在一起的 D 光與 F 光。

如果光從 B 到 E 再回到 B 所花的時間，等於光從 B 到 C 再回到 B 的時間，則 D 光與 F 光，會因同相（in phase）而相互加強。但是若兩條路徑所用的時間有些微的不同，則 D 光與 F 光會因為相位稍微不同而發生干涉現象。如果這套儀器在以太中「靜止不動」的話，上述的兩段時間就應該剛好相等，但是如果儀器在以太中以速度 u 向右移動，那麼兩段時間就應該有所差別。現在讓我們看看

原因何在。

首先讓我們算算看，光從 B 到 E 再回到 B 所用的時間是多少。假設這道光從 B 到 E 的旅行時間爲 t_1，而回頭旅行的時間爲 t_2，那麼當光在 B 到 E 之間行進的時候，整個儀器也位移了距離 ut_1，因此光必須走過的距離不只是 L，而應該是 $L + ut_1$，此距離等於光速與時間 t_1 的乘積，於是

$$ct_1 = L + ut_1 \quad 或 \quad t_1 = L/(c - u)$$

（如果認爲光速對儀器的相對速度爲 $c - u$，則很顯然這個時間 t_1 應等於長度 L 除以 $c - u$。）依照同樣的道理，我們也可以計算出 t_2。由於在這段時間裡儀器往前走了 ut_2，所以回程比較短，只有

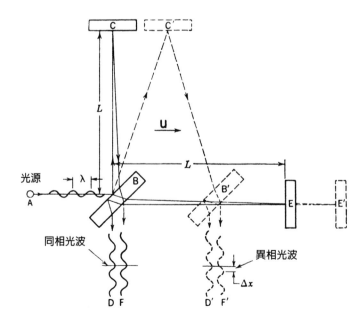

圖 15-2 邁克生－毛立實驗的示意圖

$L - ut_2$，於是

$$ct_2 = L - ut_2 \quad \text{或} \quad t_2 = L/(c + u)$$

而總共用掉的時間是

$$t_1 + t_2 = 2Lc/(c^2 - u^2)$$

爲了以後方便比較不同的時間，我們通常把這個方程式寫作

$$t_1 + t_2 = \frac{2L/c}{1 - u^2/c^2} \tag{15.4}$$

我們接下來計算光從 B 點走到反光鏡 C 所需之時間 t_3。就像前面所說的情況，在時間 t_3 內，鏡子 C 向右移動了 ct_3 距離而到達位置 C'，光走的距離 ct_3 是一個直角三角形的斜邊 BC'。從直角三角形的特性（畢氏定理），我們可以得到

$$(ct_3)^2 = L^2 + (ut_3)^2$$

或是

$$L^2 = c^2 t_3^2 - u^2 t_3^2 = (c^2 - u^2)t_3^2$$

由此我們得到

$$t_3 = L/\sqrt{c^2 - u^2}$$

我們可從圖中的對稱看出來，光從 C' 到 B 的回程距離應該也相同，所以回程時間也相同。因此來回總共的時間一共就是 $2t_3$。我們再把方程式的形式略作調整，然後寫成

$$2t_3 = \frac{2L}{\sqrt{c^2 - u^2}} = \frac{2L/c}{\sqrt{1 - u^2/c^2}} \tag{15.5}$$

　　現在我們可以來比較兩束光各自花費的時間。在(15.4)式跟(15.5)式裡，等號右邊的分子完全相同，此分子所代表的正是如果儀器靜止不動時，光旅行 $2L$ 距離所需的時間。而在分母裡面的 u^2/c^2 項，除非 u 大到跟 c 差不多之外，一般情況之下都是非常小的。整個分母代表了儀器的運動對於光行進時間所造成的修正。請仔細看清楚，這兩項修正**並不相同**，雖然兩面鏡子跟 B 之間的距離相同，光束從 B 到 C 再回來所需的時間，比起光從 B 到 E 再回來的時間要少一些。

　　此處出現了一個小技術問題，那就是假如方向互相垂直的兩個距離 L 不是剛好相等的話，該怎麼辦？事實上，我們確實無法讓兩個距離 L 剛好相等。不過如果眞是這樣，我們只需要在做完一次測量之後，把儀器轉動 90 度，把 BC 改爲沿著儀器移動的方向，而 BE 換成與儀器移動方向垂直，再重複測量一次。我們要的是看兩次測量的干涉條紋（interference fringe）**移動**了多少，如此一來，兩個距離 L 相等的這個條件也就不再重要了。

　　當初做這實驗時，邁克生和毛立還特地把 BE 的方向調整得跟地球在軌道中的運動方向幾乎平行（每天白天跟夜間，各有一次特別時段可以辦到這點）。地球公轉的速度大約是每秒 18 英里，所以地球跟以太之間的相對速度，每天或一年之中，應該有某些時間至少有這個速度。而他們這套儀器的靈敏度，用來測量這種速度下所造成的效應，應該綽綽有餘。然而無論他們怎樣去測，都測量不出地球在以太之中的速度，實驗結果等於零。

　　邁克生－毛立實驗結果眞是令人非常困惑與不安。最先想出好

辦法以打破僵局的人是勞侖茲。他提議物體在運動時會發生收縮（contraction），而此收縮僅發生在運動方向上。如果物體原來靜止時的長度是 L_0，則當它沿著長度方向以速度 u 移動時，會有個新長度，我們把新的長度叫做 $L_{||}$（唸作 L 平行），則它為

$$L_{||} = L_0 \sqrt{1 - u^2/c^2} \qquad (15.6)$$

如果將這項調整應用到邁克生—毛立的干涉儀器上，則 B 到鏡子 C 的距離沒變，但是 B 到 E 的距離縮短成 $L\sqrt{1 - u^2/c^2}$。因此(15.5)式維持不變，但(15.4)式中的 L 就必須改用(15.6)式，這麼一來便可得到

$$t_1 + t_2 = \frac{(2L/c)\sqrt{1 - u^2/c^2}}{1 - u^2/c^2} = \frac{2L/c}{\sqrt{1 - u^2/c^2}} \qquad (15.7)$$

把這個式子與(15.5)式比較，我們就能得到 $t_1 + t_2 = 2t_3$。所以如果所用的儀器真是依照上述方式縮短了的話，我們就瞭解了，為何邁克生—毛立的實驗測量不出任何效應來。

雖然這個收縮假說非常成功的解釋了為何實驗結果未如預期，但是也引起許多反對意見。反對者認為它只是特地發明來解決上述的困難而已，人工味太重。但是在其他尋找以太的不同實驗裡，也全都遇到類似的問題，因此大自然似乎有某種「陰謀」要來阻撓人類，它引入了某種新現象，能夠消解一切人們認為可以用來測量 u 的現象。

最後人們瞭解到，正如龐卡赫所指出的：**這整個陰謀本身就是一個自然律**！他接下來提議：這個自然律就是不讓**任何**實驗發現以太。換句話說，我們無法測量出絕對速度。

15-4　時間的變換

　　就在檢驗長度收縮的想法是否和其他實驗結果相符之時，人們發現如果時間也依據(15.3)式中第 4 個方程式的方式來修正，則一切就正確無誤。理由是光束從 B 到 C 再回到 B 的時間 t_3，如果由一位在運動中的太空船中做此實驗的人來計算，其所得的結果會和另一位在太空船外的靜止觀察者所算得的 t_3 不相同。對於船上人員來說，$t_3 = 2L/c$，但是對另一位的觀測者來說，$t_3 = (2L/c)/\sqrt{1 - u^2/c^2}$（見 15.5 式）。換句話說，當太空船外的觀測者看著船內的人點雪茄，他所看到的一切動作看起來會比正常步調要來得慢些，但是對於船內的人來說，一切都還是以正常的步調運動。所以，不只是長度必須收縮，船上的計時器（時鐘）也必須明顯慢下來。也就是說，當太空船上的時鐘記錄了一秒鐘的時間，即船上的人經歷了一秒鐘時間，由船外人員看來，卻是過了 $1/\sqrt{1 - u^2/c^2}$ 秒。

　　運動系統中的時鐘會慢下來，這確實是非常怪異的現象，值得提出合理的解釋。為了要瞭解這個現象，我們必須去注意時鐘的機械結構，並弄清楚當它在運動時，到底發生了什麼事。由於這麼做相當困難，我們將選用一個非常簡單的鐘。事實上，我們所選用的是相當可笑的一種鐘，不過原理上應屬可行。它是一根米尺，兩端各裝有一面鏡子。當我們在鏡子之間閃了一下光訊號，光就會在這兩面鏡子之間上下來回穿梭。每回它往下走，就會像一般標準時鐘一樣，滴答一次。

　　我們建造兩具長度完全相同的這種時鐘，然後同時讓它們啟動。由於兩面鏡子之間的距離相同，而光速又固定是 c，因此啟動之後，兩具時鐘永遠同步。我們把其中一具交給一位先生，帶上他

的太空船，他把這根尺狀時鐘掛起來，尺的方向與太空船移動的方向垂直，這麼一來尺的長度就不會改變。那麼我們如何知道在這垂直方向，長度就不會改變呢？我們可以要兩位觀測者同意，在他們交錯經過時，兩人各自按照己方米尺的高度，在對方的 y 座標軸上同時畫一個記號。根據對稱律，兩個記號應該高度一致，也就是有相同的 y 座標與 y' 座標。如果不是這樣，以後他們相互比較結果時，就會發現一個記號比另一個記號要來得更高或更低，這樣不就透露出誰真的在移動了嗎？但這跟相對性原理的基本假設不符合，所以 y' 必須等於 y。

現在我們來看看，移動中的時鐘會發生什麼事。在那位先生攜帶時鐘上太空船之前，他認為這個鐘的確不錯，是一具標準好鐘。而且在他啟程之後，也沒有覺得這個鐘有任何異狀。因為如果他能夠感覺出異狀，就會知道自己在移動：如果任何一件事會因為太空船的運動而有所改變，那麼他便知道是自己在運動。但是相對性原理告訴我們，在等速運動系統內，此事絕對不可能發生，所以太空船內一切都沒有改變。

但是另一方面，當太空船外的觀測者望著太空船裡的時鐘經過，他會看到光在鏡子之間來回，走的「確實」是鋸齒狀的路徑，當然這是因為時鐘橫向位移的緣故。我們已經在討論邁克生──毛立實驗時，分析過鋸齒狀運動。

從圖 15-3(c) 可看出來，如果光鐘在某一段時間內所走的距離和 u 成正比，而光在同一段時間內所走的距離和 c 成正比，那麼垂直距離便會和 $\sqrt{c^2-u^2}$ 成正比。

因此：在運動的光鐘內，光走一個來回的時間，要比光在靜止中的時鐘內來回一次的時間**長了一些**。但究竟長多少呢？

兩者之比就等於圖 15-3(c) 中三角形斜邊長（這就是為何方程

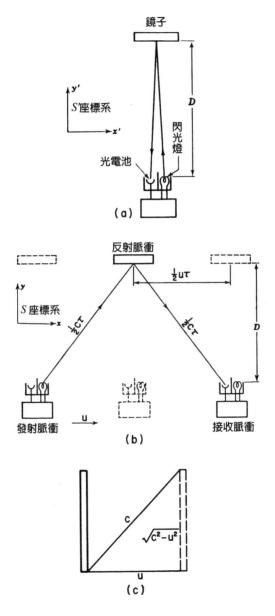

圖 15-3　(a) 在 S' 座標系內，呈靜止狀態的「光時鐘」。

　　　　　(b) 同一具時鐘，在 S 座標系內通過。

　　　　　(c) 移動中的「光時鐘」內，光所走的斜路徑示意圖。

式中會出現開根號）與高之比。

　　我們也可以從圖很明顯的看出，u 愈大，移動中的時鐘看來走得愈慢。並不是只有這種特殊的時鐘看起來走得較慢而已，只要相對論是正確的，任何其他式樣的時鐘，無論它運作的原理是什麼，看起來都會走得較慢。並且慢下來的比例，大家全部一樣。而且我們不必進一步分析就知道是這樣，為什麼呢？

　　為了答覆上面的問題，假設我們改換別的方法，用齒輪零件、或利用放射性衰變、或是任何其他原理，另外製造出一對同樣的時鐘來。然後我們把它們調整得跟原來兩具光鐘完全同步。也就是說，當光在光鐘內走了一個來回而滴答一聲的時候，這兩具新時鐘裡也如期完成了某種循環，同時放出一記閃光、或一聲敲打、或任何訊號。我們把一具新時鐘送上太空船，跟原有的光鐘放置在一塊兒。大家會想，**這具**不用光的時鐘說不定不會走得比較慢，而會和靜止的鐘同步，如此一來，太空船上新的鐘就會和光鐘不一致了，但事實上，這樣的事不會發生，因為如果船上的兩個鐘走得不一樣快，太空船上的人就可以從兩只時鐘的差別，計算出太空船的速率來。而我們已經假設這是不可能的。所以說，**我們根本不需要知道**讓新時鐘慢下來的**機制**，我們就是知道無論原因何在，反正它是一定得慢下來，就和光鐘一樣。

　　既然**所有**運動中的鐘都會走得比較慢，而且我們所能測量的只是鐘慢下來的程度，那麼我們何不就說，就某個意義而言，在太空船內，**時間本身**看起來是慢下來了。一切現象，包括人的脈搏、他的思考過程、他點一根雪茄所用的時間、發育成長的時間、老化的時間等等，所有這些事情全都必須以同樣的比例慢下來，就因為他無法覺察自己是否在運動。

　　生物學家跟醫師有時會說，他們不是很確定，在太空船裡面，

形成癌症的時間是否會比在地球上長久一些。但是從近代物理學家的觀點來看，這幾乎是個定局，否則我們就可以利用癌症的發展速率來決定太空船的速率。

有一個非常有趣、由於運動所造成時間慢下來的例子，主角是緲子。這種粒子從誕生之後、到自發衰變前，平均的壽命只有 2.2×10^{-6} 秒。它們跟著宇宙射線來到地球，也可以在實驗室內以人工方式製造出來。一部分緲子會在半空中衰變，剩下來的只有在碰撞到一塊物質停止下來之後，才發生衰變。由於它的壽命極短，緲子不可能跑得很遠，即使它以光速移動，在誕生之後，大多數緲子所能跑的距離，比 600 公尺多不了太多。但是雖然緲子在大氣層頂端被創造出來，離地面大約有 10 來公里，但是我們仍然可以在實驗室中，從宇宙射線裡發現到它的行蹤。這怎麼可能呢？

答案是，各種緲子有不同的速度，有些的速度非常接近光速。這些高速緲子雖然以它們自己的觀點來看，只不過活了百萬分之二秒而已，但是在我們看來，它可是活得更長得多了，長到有足夠時間跑到地面上來。我們在前面已經證明，時間增長的比例因子是 $1/\sqrt{1-u^2/c^2}$。人們已經相當精準的量出緲子在各種速率下的壽命，所得到的數值與公式的預測相當一致。

我們不知道為什麼緲子會衰變，也不知道它的衰變機制，但是我們知道它的行為符合相對性原理。這也就是相對性原理的用處：我們可以用它來做推測，甚至對於一些我們所知甚少的東西預測出其某些性質來。就拿同一個例子，在我們對緲子的衰變原因有絲毫概念之前，仍然可以預期當緲子的速度到達光速的十分之九時，它的平均壽命在我們看起來，應該等於 $(2.2 \times 10^{-6})/\sqrt{1-9^2/10^2}$ 秒，而此預測是正確的。這就是相對論的妙處！

15-5　勞侖茲收縮

　　現在讓我們再回到勞侖茲變換(15.3)式，想法子多瞭解一些兩個座標系(x, y, z, t)與(x', y', z', t')之間的關係，以下我們就稱這兩個座標系為 S 座標系與 S' 座標系，或是老喬的座標系與老莫的座標系。我們已經解釋過，勞侖茲座標變換的第一式是根據勞侖茲物體在 x 方向上會收縮的建議，但我們如何證明收縮確實發生了呢？

　　在邁克生—毛立的實驗裡，基於相對性原理，我們已曉得**與運動方向垂直**的儀器臂 BC 長度不可能改變。但是實驗並未能量出地球的速度，所以**時間**必須相等，即 $2t_3$ 必須等於 $t_1 + t_2$，因此儀器的縱向臂 BE 必須看起來短些才行。短了多少呢？我們得把原先的長度乘上一個平方根 $\sqrt{1-u^2/c^2}$。那麼拿老喬跟老莫分別測量出來的數據來說，這項收縮的意義又安在呢？

　　假如老莫是跟著 S' 座標系沿著 x 軸方向移動，他用一把米尺去測量一個點的 x' 軸座標，他從該點在 x' 軸上的投影處量起，直到 S' 座標系的原點，一共把尺放下了 x' 次，所以他認為距離是 x' 公尺。但是在 S 座標系中的老喬看來，老莫用的是一把縮短的尺，所以「真正」的距離，其實只有 $x'\sqrt{1-u^2/c^2}$ 公尺。所以如果 S' 座標系的原點已經位移到離開 S 座標系原點 ut 距離時，S 座標系中的觀測員老喬，以他的 S 座標系來測量同一點的話，所量出的數值 x 就等於 $x'\sqrt{1-u^2/c^2} + ut$，或寫成

$$x' = \frac{x - ut}{\sqrt{1 - u^2/c^2}}$$

而這就是勞侖茲變換的第一個方程式。

15-6 同時性

由於不同座標系會有不同的時間尺度，我們也基於類似上述的方式，把一個分母加到勞侖茲變換的第四個方程式裡。不過這個方程式中最有趣的一項是分子中的 ux/c^2，因為它相當新穎，也出人意料之外。那麼這一項有什麼意義呢？

如果我們把事情看清楚，就會體認到：如果在 S' 座標系內的老莫看到有兩件事同時在兩個地方發生，則對於在 S 座標系內的老喬而言，這兩件事並**不是**同時發生的。

譬如說，如果有一事件於時間 t_0 發生在點 x_1 處，另一事也在時間 t_0 發生於 x_2 處（它們同時發生），那麼在 S' 座標系中，這兩事件所發生的時間 t'_1 與 t'_2 兩者之差是

$$t'_2 - t'_1 = \frac{u(x_1 - x_2)/c^2}{\sqrt{1 - u^2/c^2}}$$

這樣的情況就叫做「相隔一段距離時，同時性（simultaneity）失效」。為了進一步釐清這個觀念，我們來考慮下面這個實驗。

設若一位太空船上（S' 座標系）的先生，把兩只時鐘一前一後放在太空船艙的兩頭，他想要確認這兩個鐘是同步的，那麼他該怎麼辦呢？辦法有好幾個，其中一個不太需要計算的方法是首先找到那兩只時鐘之間確實的中間點，然後讓這個中間點發出光訊號，很清楚的，此光訊號理將會同時到達那兩只時鐘，這個同時到達兩只鐘的訊號就可以用來讓這兩只鐘同步。

假設 S' 座標系的那位先生採用了上述的方法，讓他那兩只鐘同步的運行了。但是我們來看一下，對於 S 座標系內的**觀測員**來

說，那兩只鐘是否眞的是同步了呢？

　　S'座標系的那位先生當然有權相信兩只鐘的確是如此，因為他不知道自己在運動。但是 S 座標系內的觀測員卻會認為既然太空船在往前進，船前方的鐘對於光訊號來說，是退著走，所以光必須多走些路程才能追得上；但是船尾的鐘卻是迎向訊號而進，所以光所走的距離比較短。因此光會先碰上船尾的鐘，然後再碰上船頭的鐘。可是 S' 中的人卻會認為光是同時抵達的。

　　所以我們瞭解到，當坐在太空船裡的人，認為在他座標系中兩個地方同時發生的事情，在其他座標系內卻會對應到**不同**的時間！

15-7　四維向量

　　讓我們再看看，從勞侖茲變換中還可以發現些什麼。我們注意到一件滿有趣的事，那就是在勞侖茲變換中，x 與 t 的變換關係，跟第 11 章中討論過的座標旋轉變換中 x 與 y 軸的關係，有些相似之處。我們那時有

$$x' = x \cos\theta + y \sin\theta$$
$$y' = y \cos\theta - x \sin\theta$$

(15.8)

在這兩個式子中，新的 x'是由舊的 x 跟 y 混合起來而成，新的 y'也是由舊的 x 跟 y 所混成的。同樣的，在勞侖茲變換中，新的 x'是由舊的 x 跟 t 混合起來，而新的 t'也是 x 跟 t 的混合。所以勞侖茲變換就類似於一種旋轉，只不過它是在**時間**與**空間**中的「旋轉」。

　　這看起來是一個非常奇怪的概念。我們用勞侖茲變換來計算以下的量，便可以檢驗勞侖茲變換與旋轉變換的相似性：

$$x'^2 + y'^2 + z'^2 - c^2t'^2 = x^2 + y^2 + z^2 - c^2t^2 \qquad (15.9)$$

在這個式子裡面，等號兩邊的前三項之和，在幾何學裡，代表三維空間裡的一點到原點距離的平方。這個量（距離平方）在座標軸的任意旋轉之下，仍然會維持不變。與此相類似的，(15.9)式顯示了當我們把時間包括進來之後，存在著某種空間座標與時間 t 的組合在勞侖茲變換仍保持不變。所以勞侖茲變換與旋轉變換的類比是完全可以成立的，我們由此類比也看到了（四維）向量（其「分量」在勞侖茲變換之下與座標 x、y、z 以及時間 t 有相同的變換關係）在相對論中，也是很有用的東西。

所以我們想要擴充向量的概念，把時間分量包括進來（之前我們只考慮了只有空間分量的向量），也就是說，向量會有四個分量。其中有三個分量和普通向量的分量一樣，多出來的第四個分量，則和時間類似。

我們將在下一章進一步分析這個概念，屆時將把這個概念應用到動量上。結果我們發現在勞侖茲變換之下，有三個類似一般動量分量的空間部分，以及第四個分量，即時間部分，它代表**能量**。

15-8　相對論性動力學

現在一切就緒，可以更一般性的去探討力學諸定律在勞侖茲變換之下會有什麼形式。（上面幾節裡，我們解釋了長度跟時間如何變化，但是還沒有講到如何得到質量 m 之修正公式(15.1)式，這段故事會在下一章出現。）

為了理解愛因斯坦修正了牛頓力學裡的 m 之後所產生的後果，我們就從牛頓第二定律說起：力是動量的變化率，也就是

$$\mathbf{F} = d(m\mathbf{v})/dt$$

動量還是 mv。但是當我們換用新的質量 m，動量就變成了

$$\mathbf{p} = m\mathbf{v} = \frac{m_0\mathbf{v}}{\sqrt{1 - v^2/c^2}} \tag{15.10}$$

這就是愛因斯坦對牛頓定律的修正。在這樣子的修正下，如果作用力與反作用力仍然相等（可能在細節上，它們不見得處處都一定得相等，但是從長遠看來，它們仍然相等），那麼依舊有一如以往的動量守恆，只是守恆量不再是以前質量固定的 $m\mathbf{v}$，而是(15.10)式所示有著修正質量的量。當我們把這項改變加進動量公式之後，動量依然守恆。

　　其次我們來看看，動量如何隨著速率改變。在牛頓力學中，它跟速率成正比。而根據(15.10)式，只要速率比光速小很多，則當速率落在一大段的範圍內，無論其大小為何，相對論性的動量幾乎都和速率成正比，因為公式裡的分母跟 1 幾乎沒有分別。然而一旦 v 接近 c 時，那個根號裡面的數值就會趨近於零，而動量就會趨向於無限大。

　　如果一個固定的力，長期作用於某一物體，結果會怎樣呢？依據牛頓力學，物體的速度會不斷的增加，直到超過光速。但是在相對論性力學裡，這是不可能的事情。在相對論裡，物體不斷得到的不是速率，而是動量。動量可以不停的增加，就因為質量可以不停的增加。過了一陣子之後，物體基本上已不再加速，但動量仍可繼續增加。

　　當然，每當有個力只能讓某一物體的速度有些微變化時，我們會說這物體具有很大的質量，而這正是相對論質量公式(15.10)式所說明的情形：當速率 v 很接近 c 時，質量就變得非常大。

　　舉一個這效應的例子：在加州理工學院的同步加速器裡面，為了要讓高速電子轉彎，我們得用一個非常強大的磁場，比我們用牛頓定律所估計的強度，要大上 2,000 倍。換句話說，在那樣的高速下，同步加速器裡電子的質量，已經變成了平常電子質量的 2,000 倍，跟質子的靜質量不相上下！

　　當電子的質量 m 變成了原先 m_0 的 2,000 倍，意思就是 $1 - v^2/c^2$ 必須等於 1/4,000,000，即 v^2/c^2 與 1 的區別只有 4,000,000 分之一，也就是 v 跟 c 之間的差別只有光速的 8,000,000 分之一。所以加速器裡面的電子速率，已經非常接近光速了。如果我們讓那些高速電子與光同時衝出同步加速器，跑到約 700 英尺之外的實驗室，誰會先到呢？當然是光先到啦！因為沒有任何東西比光跑得更快，不是嗎？*

　　那麼光快了多少呢？時間上實在太短，很難說得清楚。我們就用光所領先的距離來說明：當光到達時，電子距離終點約還有千分之一英寸，或是等於一張紙厚度的 1/4 而已！當然在真空中，光是速率的極致，是永遠絕對的冠軍！當電子跑得那麼快時，它們的質量變得非常大，但是其速率仍不能超越光速。

　　接著我們還要進一步看看，質量出現相對論性變化的後果。考慮一小罐氣體中分子的運動情形。當氣體被加熱時，分子的運動速率會加快，因而它們的質量會增加，結果氣體會變重了一些。在速度不是太大的情況下，我們可用一個近似公式來計算增加的質量，它是利用二項式定理把 $m_0/\sqrt{1-v^2/c^2} = m_0(1 - v^2/c^2)^{-1/2}$ 展開成一個冪級數

---

*原注：事實上，由於空氣的折射率的緣故，電子會比可見光跑得快一些，不過還跑不過 γ 射線。

$$m_0(1 - v^2/c^2)^{-1/2} = m_0(1 + \tfrac{1}{2}v^2/c^2 + \tfrac{3}{8}v^4/c^4 + \cdots\cdots)$$

我們可以很容易看出來，在 v 很小時，此冪級數收斂得非常快，第三項以後就可因太小而忽略。所以我們只取最前面兩項，也就是

$$m \cong m_0 + \tfrac{1}{2}m_0 v^2 \left(\frac{1}{c^2}\right) \tag{15.11}$$

上式右手邊的第二項，很明顯的代表分子因為速率加快而增加的質量。當溫度上升，v^2 也就隨著按比例增高，所以我們可以說質量的增加和溫度的增加成正比。

由於 $\dfrac{1}{2} m_0 v^2$ 在傳統牛頓力學中就是動能（K.E.），所以我們也可以說容器裡氣體質量的增加，等於其中全部動能的增加除以 c^2，或是 $\Delta m = \Delta(\text{K.E.})/c^2$。

15-9　質能等效

以上這項觀察讓愛因斯坦想到，假設物體的質量等於總能量除以 c^2，那麼物體的質量就有可能以比(15.1)式更簡單的形式來表示。如果我們把(15.11)式乘以 c^2，結果是

$$mc^2 = m_0 c^2 + \tfrac{1}{2}m_0 v^2 + \cdots\cdots \tag{15.12}$$

這個式子的左邊代表一個物體的全部能量，而右邊第二項我們已經知道它就是一般的動能。剩下的一項 $m_0 c^2$ 是一個很大的定值，愛因斯坦把它解釋為物體全部能量中的內能（intrinsic energy），一般稱它為「靜能」（rest energy）。

現在我們來看看愛因斯坦所提出的**物體的能量永遠等於** mc^2 這一項假設會有什麼後果。一項有趣的結果就是(15.1)式，它告訴我

們質量如何隨著速率而變化。這個公式,至目前為止,我們還只是
將它當成假設而已。以下就是它的證明。

我們先從靜止的物體開始,它的能量等於 m_0c^2。然後我們施
加一個力於其上,使它開始運動,給了它動能。由此既然總能量增
加了,質量也會加大,原本的假設就隱含著這個意思。只要力對它
不斷作用,能量與質量都會繼續增加。我們在第 13 章看過,能量
隨時間的變化率等於力乘以速度

$$\frac{dE}{dt} = \mathbf{F} \cdot \mathbf{v} \tag{15.13}$$

我們也知道 $F = d(mv)/dt$(第 9 章的(9.1)式)。當我們把這些關係式
與 E 的定義代入(15.13)式,就得到

$$\frac{d(mc^2)}{dt} = \mathbf{v} \cdot \frac{d(m\mathbf{v})}{dt} \tag{15.14}$$

我們希望從這個方程式求得 m。為了達成這個目的,我們可以使
用一個數學技巧,就是把方程式兩邊都乘以 $2m$,於是

$$c^2(2m)\frac{dm}{dt} = 2mv\frac{d(mv)}{dt} \tag{15.15}$$

我們需要去掉上式中的導數,我們只要把兩邊對時間積分就可以去
掉導數。式中 $(2m)\, dm/dt$ 是 m^2 的時間導數,而 $2m\mathbf{v} \cdot d(m\mathbf{v})/dt$ 就
是$(mv)^2$ 的時間導數,所以(15.15)式就成為

$$c^2\frac{d(m^2)}{dt} = \frac{d(m^2v^2)}{dt} \tag{15.16}$$

如果兩個量的導數相等，則這兩個量，至多相差一個常數 C，因此

$$m^2c^2 = m^2v^2 + C \qquad (15.17)$$

我們需要更明確的定義出常數 C。因為(15.17)式必須在任何速度之下皆成立，我們便可以選擇一個特例，那就是 $v = 0$，這時的質量等於 m_0。把這兩個值代入(15.17)式後，就得到

$$m_0^2c^2 = 0 + C$$

把上面的 C 值代入(15.17)式，我們得到

$$m^2c^2 = m^2v^2 + m_0^2c^2 \qquad (15.18)$$

兩邊除以 c^2，並重新整理一下可得

$$m^2(1 - v^2/c^2) = m_0^2$$

所以

$$m = m_0/\sqrt{1 - v^2/c^2} \qquad (15.19)$$

這就是(15.1)式，並且也就是(15.12)式中，質能關係之所以能夠成立的必要基礎。

在一般情況下，能量變化不大，因此質量的變化極為細微，因為我們通常無法從定量的材料產生出太多的能量來。但是如果是一枚相當於 20,000 噸黃色炸藥的原子彈，在它爆炸後，餘留下的物質比爆炸前反應物質的質量還少了 1 公克，因為原子彈釋出了能量；也就是說，根據 $\Delta E = \Delta(mc^2)$ 這個關係，釋出的能量具有 1 公克的質量。

這個質能等效（equivalence of mass and energy）理論，更被各種

牽涉到物質湮滅（質量全部轉變爲能量）的實驗所漂亮的證實了。
譬如說，電子遇見正子就是個絕佳的例子。它們在靜止時，各具有
靜質量 m_0，相逢之後它們就衰變消失，但同時出現了兩個 γ 射
線。這 γ 射線的能量，經測量剛好各爲 $m_0 c^2$。這樣的實驗讓我們
能夠直接測量出一個粒子由於具有靜質量而隨附來的能量。

第16章 相對論性能量與動量

16-1　相對論與哲學家們

16-2　孿生子弔詭

16-3　速度的變換

16-4　相對論性質量

16-5　相對論性能量

16-1　相對論與哲學家們

　　我們將在這一章繼續討論愛因斯坦和龐卡赫（見第 197 頁）的相對性原理，因為它對我們的物理觀念，乃至人們於科學外的各種思維，影響匪淺。對於相對性原理，龐卡赫曾經提出如下的說法：「根據相對性原理，對於一位固定不動的觀察者以及另一位以等速運動的觀察者來說，描述物理現象的定律必須是完全相同的；所以我們不會有、也不可能有任何方法，可以用來決定我們是否在等速運動。」

　　這個觀念發表之後，在哲學家間引起非常大的騷動，尤其是那些所謂「雞尾酒會哲學家們」，他們說：「啊！這個簡單。愛因斯坦的理論說一切都是相對的。」事實上，很多哲學家（其數目之多令人驚訝）──不僅是那些出現在雞尾酒會的哲學家（我們為了不讓他們覺得困窘，就只稱他們為「雞尾酒會哲學家」），會說：「愛因斯坦理論的結論是一切都是相對的，這個結論對我們的觀念產生了非常重大的影響。」除此之外，他們還說：「物理學上已經證明，每個人見到的所有現象取決於自己的參考系。」

　　我們經常聽到他們這樣說，但是很難弄清楚這些話的意思。或許他們所說的參考系指的就是我們用來分析相對論的座標系，所以「事情取決於你的參考系」這件事情，依他們的說法，已經對當代思想產生深刻的效應。有人或許會覺得奇怪，因為不管怎麼說，事情取決於各人的觀點這件事只是一項非常簡單的觀念，顯然不必大費周章，需要繞一大圈子藉由物理學的相對論來發現。因為人之所見，各有不同，是走在馬路上的每位行人都熟悉的現象。迎面而來的路人，我們都是只能先瞧見對方的正面模樣，等雙方交錯而過之

後，再回頭看對方，就只能看到對方的背影了。換句話說，哲學家所稱源自相對論的哲學，其實並不比「一個人從前面看和從後面看不一樣」的講法高明多少。就這些哲學家的觀點來看，瞎子摸象的老故事（也就是每個人只會摸到大象的一部分，因此對於大象的描述都不一樣），或許也可以算是相對論的另一個例子。

當然在相對論中，總有比「一個人前後看來有區別」還更為深奧的東西吧？相對論的確比這樣的說法還要來得深奧，因為**我們確實能夠依據相對論來推測出一些事情**。若是物理學家也可以只利用哲學家上述那麼簡單的看法，就能預測出自然的行為，那就相當不可思議了。

另外還有一群哲學家，則是對相對論由衷覺得非常不自在，因為相對論主張：要是我們不往外看別的東西，就一定無法測定自己的絕對速度。他們對此的反應是：「不往外看當然就沒辦法測量出絕對速度來，這根本就是一件不證自明的事！不跟外邊做比較，而硬要去談論它的速度，根本就**毫無意義**。以前的物理學家沒有這麼想，的確是相當愚蠢。現在總算開了竅。我們哲學家，當初要是知道這種事居然也困擾著物理學家的話，只消用點智慧，立即就能告訴他們：若非往外邊看看，一個人絕不可能知道他自己移動得有多快。真可惜！我們原本對物理可以有重大貢獻！」

這類哲學家經常出沒在我們附近，在旁邊不停的想告訴我們一些事情，但是他們從來就沒有弄清楚問題的微妙以及深奧之處。

我們無法偵測出絕對運動這件事並不是單憑思考就可以知道的，而是**實驗**的結果。我們能夠很容易的說明這一點。首先，牛頓相信一個人如果以等速度在一直線上運動，則他將無法知道自己的速度有多快。

事實上在上一章裡，我們就引述過牛頓這個說法，所以牛頓是

第一位寫下相對性原理的人。然而奇怪的是，牛頓提出這個說法的時候，為什麼當時的哲學家並沒有大談什麼「一切皆相對」這回事呢？原因是我們得一直等到馬克士威發展出電動力學理論以後，方才出現了一些似乎在說我們**可以**不往外看就測出自己速度來的物理定律；但是人們卻很快發現**無法**在**實驗**上做到這一點。

我們現在要問，在不往外看的情況下，不能夠知道自己運動的速度，在哲學上**是否**絕對**必要**呢？有一項衍生自相對論的哲學發展，內容是說：「唯有能夠量度的東西，才能夠清楚定義！既然我們不去看所測量的速度究竟是相對什麼而言，我們當然就量不出什麼速度了，所以絕對速度是毫無**意義**的。物理學家應該瞭解，他們只應該談論能夠測量的東西。」

但**這也就是整個問題癥結所在**：一個人是否**能定義**絕對速度，其實跟他能否不向外看、而能**從實驗裡偵測出**自己是否在移動，是同一個問題。換句話說，一件事物是否可以測量，絕對不是光憑思維就可以決定，而是必須經過實驗才能下結論。

就拿光速等於每秒 186,000 英里這個事實來講，我們找不到什麼哲學家會冷靜的說，以下的事是不證自明的：如果在一部車裡，光的速度是每秒 186,000 英里，而車子本身的速度是每秒 100,000 英里，那麼同一束光在經過站在地面上的觀察者時，觀察者所測量到的速度仍然是每秒 186,000 英里。

這對於哲學家來說，簡直匪夷所思，當你把一件明確的事實告訴了他們，那些宣稱一切都很明顯的哲學家會發現這其實一點也不明顯。

最後，甚至還有一套哲學說：除了往外看之外，人不可能探測到**任何**運動。這個說法就物理學來說是不正確的。不錯！我們確實感覺不出**直線等速**運動，但如果是整間屋子在**旋轉**的話，我們當然

會知道，因為屋子裡每個人都會被甩到牆上去，此外還有各種「離心」效應。我們無須去仰觀天象，就可以知道地球正繞著一根軸在自轉，譬如說，我們利用所謂的傅科擺就可以探測出來。

因此，「一切都是相對的」事實上並不正確。在不往外看的條件下，只有**等速度**測不出來，圍繞著一根固定軸的等速**旋轉**運動則**可以**測出來。當我們把這件事解釋給一位哲學家聽過後，他非常懊惱自己無法真正瞭解這些東西，因為對他來說，不往外看而能知道繞著軸旋轉的情況是不可能的事。如果這是一位夠好的哲學家，過了一陣子後，他可能會回來跟我們說：「我想通了，我們的確沒有絕對旋轉這回事，我們其實是**相對於星星**在旋轉。而且一定是天上的星星發出來某種力量，對一切物體產生了影響，造成了所謂的離心力。」

他這個說法，就事論事，以我們所知範圍，還沒法說他不對。因為我們目前尚無法知道，如果沒有恆星和星雲在場，離心力是否仍然會存在。我們不可能把天上所有的星球都移走之後，才去測量我們的旋轉運動，所以我們的確是不知道。我們必須承認，這位哲學家的論調有可能是對的。因此他會高興的回來對我們說：「世界絕對有必要最終是這個樣子的：**絕對的**旋轉運動不具有任何意義，它只是**相對於**星雲而存在。」

於是我們只有問他：「如此說來，請教您，那麼**相對於星雲**的等速直線運動，是否也顯然應該在車內不會產生任何效應呢？或者並不顯然必須如此呢？」既然這種運動不是絕對的，而是相對於星雲的運動。這個問題便成為玄奧的問題，成為一個只有依賴實驗才能回答的問題。

這麼一來，相對論又**有**哪些哲學上的影響呢？如果我們把答案局限在只談相對性原理讓物理學家獲得了何種**新觀念和新啟示**的

話，我們可以分別敘述其中一些如下。

　　第一件發現是，基本上，即使是人們長久以來認為絕無問題、並且已經非常精準的被證實了的一些**觀念**，仍有可能是錯誤的。數百年來屹立不搖、看似正確無誤的牛頓定律，居然是錯的，確實是令人震驚的發現。當然事實已經很明白，以往的實驗並非有什麼不對，而是它們只涉及了某一有限範圍內的速度，這些速度太小，以致於相對論性效應不夠明顯。現在我們總算是對物理定律抱持比較謙虛的態度——每件事都**可能**出錯！

　　第二件事是如今我們有了一套「怪異」的觀念，例如一個人在移動時，他的時間會慢下來之類。我們主觀上**喜不喜歡**這些觀念並不重要，唯一重要的問題是這些觀念是否與實驗結果相符合。換句話說，這些「怪異觀念」只要跟**實驗**一致，就能成立。我們之前不勝其煩的討論時鐘行為，不外乎是想證明，雖說時間膨脹（time dilation）這個概念非常奇怪，但它的確跟我們測量時間的方法，完全**不衝突**。

　　最後還有第三樣啟示，它雖然稍微技術性一些，但對我們研討其他物理定律，用途非常大，那就是我們應**注意定律的對稱性**。更確切的說法，就是去尋找一些物理定律變換方式，當定律循著這些方式做變換之後，定律的形式不會因而產生變化。先前在討論向量理論的時候，我們注意到如果旋轉了座標系，基本運動定律並不會改變。現在我們又知道如果依照勞侖茲變換來改變空間與時間變數，則基本運動定律也同樣不會改變。所以，一個很有用的想法是去研究那些使得基本定律維持不變的操作或模式。

16-2　孿生子弔詭

　　現在回到勞侖茲變換與相對論性效應的討論上，我們來談一個著名的所謂彼得與保羅的「孿生子弔詭」（twin paradox）。彼得與保羅是一對雙胞胎兄弟，當他們大到能夠駕駛太空船之後，一天保羅駕船以極快的速率離去。留下來待在地面上的彼得，看到保羅的速率實在非常快，不但使得保羅的時鐘看起來慢了下來，連帶他的心跳、他的思想，乃至他周遭的一切，全都慢了下來。

　　當然這只是在地面上彼得看到保羅的情形，太空船內的保羅並不會注意到什麼不尋常的事情。

　　但是如果保羅四處旅遊，在外太空待了一陣子之後才回來，他將會比地面上的彼得年輕些！這是真的，這個現象是已經證明成立的相對論的結果之一。就如同我們以前曾提到過的緲子，在高速運動時壽命會增長一樣，運動中的保羅也同樣會活得久些。

　　對於那些認為相對性原理意指**一切運動**都是相對的人而言，這樣的現象才可說是「詭論」，他們會說：「嘿、嘿、嘿！從保羅的立場來看，我們難道不是也可以說，運動的人是**彼得**而不是保羅，所以彼得看起來會老得較慢。依據對稱原理，唯一可能的結果是兄弟倆再見面的時候，年齡應該依然相同。」

　　為了讓兄弟二人又能聚在一起來比較一下，保羅必須在旅程終點停止下來，想法子比較他們的時鐘，或者更簡單的辦法是保羅調頭，再飛回來跟彼得會合。那麼兩人之中必須轉回頭的那一位，一定是本來在運動的人，而他一定知道這回事，因為他必須轉彎。當他轉彎時，太空船內會發生各種不尋常的事，例如火箭點火起動，太空船內的東西都被甩到一邊牆上去等等，而地面上的彼得並不會

有這些感覺。

　　所以我們可以這樣子來說明規則：兩兄弟中**曾經感覺到加速度**、看到東西被甩到牆上去等等現象的那位，就會是兩人之中比較年輕的人。這就是兩人之間「絕對的」區別，而事實上確實就是如此。

　　當我們討論運動中的緲子壽命較長的時候，我們用它們在大氣中的直線運動做為例子，其實我們也可以在實驗室內製造出緲子，並利用磁鐵使它們轉彎。雖然這是加速度運動，但繞彎的緲子跟走直線的緲子，兩者壽命完全相同（兩者速度不同，但速率相同）。

　　雖然到目前為止，還沒有人能夠針對孿生子弔詭，安排一個真正的實驗，把這個弔詭直接徹底解決掉。但是我們原則上可以拿一個靜止不動的緲子，跟一個在磁場內高速運動的緲子來比較，當高速運動的緲子轉了一圈回到靜止的緲子旁邊時，我們應該會發現高速運動的緲子壽命長了一些。

　　雖然我們還沒真的用繞了一圈的緲子來做實驗，但其實這是不必要的實驗，因為一切都非常吻合，所以我們知道實驗的結果必然是這樣子的。雖然這樣的說明可能無法滿足那些堅持每一件事都要有直接證據的人，但是我們卻能很有信心的預測出保羅繞一圈之後結果會是如何。

16-3　速度的變換

　　愛因斯坦相對論與牛頓相對論的主要差異是在相對運動座標系之間（連結座標與時間）的變換定律不一樣。正確的變換定律，亦即勞侖茲變換是

$$x' = \frac{x - ut}{\sqrt{1 - u^2/c^2}}$$
$$y' = y$$
$$z' = z \qquad\qquad (16.1)$$
$$t' = \frac{t - ux/c^2}{\sqrt{1 - u^2/c^2}}$$

這些方程式所描述的是一個比較簡單的情形，也就是兩個觀察者的相對運動是沿著其共同的 x 軸。當然其他方向的相對運動也是可能的，不過這種最一般性的勞侖茲變換相當複雜，所有 x、y、z、t 四個量全會混雜在一起。所以我們仍將繼續使用這個比較簡單的變換形式，因為它們雖然簡單，卻包含了所有相對論的基本特點。

現在讓我們再多討論一些勞侖茲變換帶來的後果。首先是如果我們想把這幾個變換方程式倒轉過來，這意思是說，這套方程式原本是一組線性方程式，其中有四個方程式、四個未知數 x'、y'、z'、t'，以及四個已知數 x、y、z、t。我們當然也可以反過來解方程式，也就是把 x'、y'、z'、t'當成已知數，來反求 x、y、z、t。我們會得到非常有意思的結果，因為它告訴我們，從一個「運動」座標系的觀點，所看到「靜止」座標系的樣子。

當然，由於這兩個座標系之間的運動是相對的，而且又是直線等速度運動，所以只要那位「運動中」的觀察者願意，他就可以宣稱，事實上是另外一個人在運動，而他自己則是靜止不動的。而且因為另外那個人是往相反的方向運動，所以變換公式應該跟原來的一樣，只是速度的正負號得顛倒過來。而那正好是我們把方程組反過來解之後所得到的形式。要是它們沒有變成這樣的話，我們就得傷腦筋了！總之，反向的變換關係是

$$x = \frac{x' + ut'}{\sqrt{1 - u^2/c^2}}$$

$$y = y'$$

$$z = z' \tag{16.2}$$

$$t = \frac{t' + ux'/c^2}{\sqrt{1 - u^2/c^2}}$$

　　接下來要談的是相對論中很有趣的速度相加問題。我們還記得，最初讓人們迷惑的難題，就是光線在所有座標系內，速度都是每秒 186,000 英里，即使這些座標系之間有相對運動也是如此。

　　光速固定這件事只是一個特殊情況，更爲一般性的狀況可以用以下的例子來說明：假定在一艘太空船裡面，有樣物體以 100,000 英里／秒的速度前進，而太空船本身又以 100,000 英里／秒的速度飛行。那麼從一位太空船外觀察者的觀點來看，太空船裡的那樣物體會有多大的速度呢？我們很可能會想說：200,000 英里／秒，但是這個速度豈不是大過光速！這實在令人氣餒，因爲沒有東西能跑得比光快！總之，我們得面對以下的一般性問題。

　　假設在太空船裡面移動的物體，由太空船裡面的人看來，正以速度 $v_{x'}$ 在移動，而太空船自己相對於地面的速度是 u，我們想知道的是該物體對地面觀察者的相對速度 v_x 是什麼。當然這仍然算是一個特例，因爲我們假定運動方向是跟 x 軸平行，它在 y、z 兩個方向上沒有速度分量。若是真要顧及問題的普及性，運動方向當然可以是任何角度，那麼在 y、z 兩方向上也就各有分量，這些一般性的情況雖然較爲複雜，但是如有必要，我們也是可以把結果算出來的。

　　在太空船裡，該物體的速度是 $v_{x'}$，則移動的距離等於速度乘以時間：

$$x' = v_{x'}t' \tag{16.3}$$

現在我們只需要依照(16.2)式中 x' 與 t' 間的關係，去算出地面**觀察者**看到的位置跟時間就行了。於是我們把(16.3)式代入(16.2)的第一式，得到

$$x = \frac{v_{x'}t' + ut'}{\sqrt{1 - u^2/c^2}} \tag{16.4}$$

但這個式子裡的 x 是以 t' 表達出來的。為了真正得到地面觀察者看到的速度，我們應該是把**他看到的距離**除以**他的時間**，而不是除以**太空船上觀察者的時間**。換句話說，我們應該把從太空船外看到的**時間**也算出來，那就是把(16.3)式代入(16.2)的第四式，得到

$$t = \frac{t' + u(v_{x'}t')/c^2}{\sqrt{1 - u^2/c^2}} \tag{16.5}$$

於是我們可以從以上二式得到 x 對 t 的比，那就是

$$v_x = \frac{x}{t} = \frac{u + v_{x'}}{1 + uv_{x'}/c^2} \tag{16.6}$$

兩個方程式裡的帶根號分母相互抵消了。而這就是我們所要尋找的定律：兩速度之「和」並不等於兩速度的代數和（這點我們從上面的例子已經知道，否則麻煩就大啦），而是需要再除以一個因子 $1 + uv_{x'}/c^2$，以「修正」該代數和。

現在我們拿些實際數值代入這個關係式，看看究竟會發生什麼事！首先讓我們假設有樣東西在太空船裡的速度是光速的一半，而太空船本身的速度也剛好是光速的一半。那就是 u 等於 $\frac{1}{2}c$，而 $v_{x'}$

也等於 $\frac{1}{2}c$ ，那麼分母裡面的 $uv_{x'}/c^2$ 成了 1/4 ，於是整個方程式變成

$$v = \frac{\frac{1}{2}c + \frac{1}{2}c}{1 + \frac{1}{4}} = \frac{4c}{5}$$

所以在相對論裡，「1/2」加「1/2」並不一定等於 1 ，而是只有「4/5」。當然，如果速度很小，我們便可以用平常的辦法很容易的把它們相加起來，理由是只要 u 跟 v 都比光速小了許多，我們可以完全不用理會 $(1 + uv'/c^2)$ 那個因子。但是如果速度很高，則事情就會很不一樣，也會很有趣。

　　爲了好玩，我們再來看看一個極端的例子。假設在太空船裡，觀察者正在觀察光本身。換句話說，就是 $v_{x'} = c$ 。而同時該太空船也正在向前移動，那麼那束**光**的速度看在一位地面**觀察者**的眼裡，又是如何呢？很簡單，我們只要把速度 $v_{x'} = c$ 代進(16.6)式，答案便現身了：

$$v = \frac{u + c}{1 + uc/c^2} = c\,\frac{u + c}{u + c} = c$$

所以如果有樣東西在太空船裡面以光速在運動的話，就地面上的人的觀點來看，它也還是以光速在運動！這個結果很好，因爲它正是愛因斯坦最初的相對論一心想要達到的目的，所以還**非得**有這樣的結果才成呢！

　　當然不是所有東西的運動，都必須跟等速度平移的方向（也就是座標軸或是太空船運動方向）一致才行。譬如說，太空船裡可以有樣東西，相對於太空船以速度 $v_{y'}$ 「向上」運動，而太空船是在「水平」方向運動。我們現在只需要依照同樣的步驟，但是以 y' 代

替 x'，利用

$$y = y' = v_{y'}t'$$

就可以知道，當 $v_{x'} = 0$ 時，v_y 便等於

$$v_y = \frac{y}{t} = v_{y'} \sqrt{1 - u^2/c^2} \tag{16.7}$$

因此從地面看，向兩旁的速度已經不再是太空船裡看到的 $v_{y'}$，而是變成了 $v_y\sqrt{1-u^2/c^2}$。我們剛才是由搬弄勞侖茲變換公式才得這結果，但是我們也可以直接從相對性原理來看出這個結果，理由如下（能回頭看看我們是否理解這個結果的理由總是好事）：在上一章中（見圖 15-3），我們已經討論過，跟著太空船行進的一具可能的光鐘會如何運作：從固定座標系或地面上看去，光線是沿著一條鋸齒狀的斜線，以速度 c 在行進。而在運動座標系內，則只是垂直的以光速前進。

我們發現在固定座標系內，既然光是傾著一個角度在前進，所以其速度的**垂直分量**會比 c 來得小，等於 c 乘上 $\sqrt{1-u^2/c^2}$ 這個因子。

現在我們假設在那具光鐘內，往返的不僅只是光，還另有某種物質粒子，它的速度只是光速的 $1/n$（見次頁圖 16-1）。在如此安排下，粒子每往返一次，光就已經來回跑了 n 次。也就是說，粒子鐘的每一次「滴答聲」會與光鐘的每第 n 次「滴答聲」同時響起。**不論整個系統是否在運動，這件事必須維持不變**，因為同時發生的物理現象，在任何座標系裡也都會同時發生。

因此既然 c_y 比光速慢，那麼粒子速度的垂直分量 v_y 和速率相比，也應該以同樣乘上那個平方根的比率而慢了下來。這就是為什麼同樣的平方根會出現在任何垂直速度中。

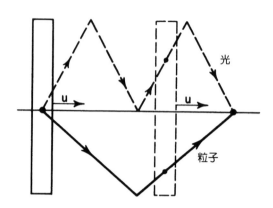

圖 16-1　移動中的時鐘裡，光跟粒子分別所走的軌跡。

16-4　相對論性質量

上一章曾提到物體的質量會隨著速度增大而增加，但是我們還沒有用類似前面對於時鐘該有行為的那種論證去證明這個結果，不過我們**能夠**證明質量這種隨著速度變化的方式是相對論加上其他一些合理假設的必然結果。（在此我們必須加上「其他假設」，是因為如果我們希望做有意義的推論，就必須假設某些定律是真的。）

為了避免討論力的變換定律，我們將從分析**碰撞**著手，因為我們只需要假設動量守恆與能量守恆，而無須知道任何力的定律。

另外我們假設運動中粒子的動量為一向量，動量的方向與速度的方向一致。但是我們將不再和牛頓一樣假設動量等於一個**常數**乘上速度，而只是假設它是速度的某種**函數**。如此一來，我們可以把動量向量寫成某個係數乘以速度向量：

$$\mathbf{p} = m_v\mathbf{v} \qquad (16.8)$$

我們在這個係數上故意加了一個下標 v，用以提醒我們這是一個隨速度而變的函數，並且我們還是把這個係數叫做「質量」。當然，在速度很小的時候，它就是以往我們在慢速的實驗中測量出來的那個質量。現在我們想要從每個座標系中的物理定律都必須相同的這個相對性原理出發，去證明 m_v 必須得等於 $m_0/\sqrt{1-v^2/c^2}$。

假定我們有兩個粒子，比方說兩個質子，它們完全一模一樣，而且以相同的速率互相朝對方衝過去，它們的總動量等於零。那麼接下來會如何呢？

在碰撞之後，它們的運動方向必須正好相反。因為若不是那樣，就會產生不是零的總動量向量，而破壞了動量守恆律。另外，由於它們是完全一樣的粒子，它們還必須具有相同的速率；事實上，粒子在碰撞前後的速率也必須相同，由於我們假設能量在碰撞中也是守恆的。所以一個彈性碰撞——也就是可逆碰撞——的圖看起來就像是圖 16-2(a)：所有箭頭線段的長度都相同，所有速率也都相同。

我們還應該假設，這樣的碰撞總是隨時可以安排的，任何角度 θ 都可能發生，而且我們可以讓粒子在這樣的碰撞中具有任意的速

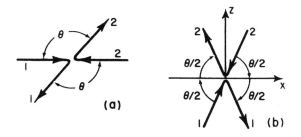

圖 16-2　同一彈性碰撞的兩種圖示。這是由相同的兩物體，以相同的速率迎面發生的一次彈性碰撞。

率。接下來我們注意到，在座標軸旋轉之後，這同一個碰撞看起來就會有些不同。爲了方便起見，我們**將**把座標軸旋轉到剛好把圖形水平分成上下兩個等半，就如圖 16-2(b) 所畫的情況。它依然是同一次碰撞，我們只是轉了個角度重畫過而已。

現在大家仔細聽好，關鍵就在這兒：假設有位人士坐一輛車，沿著 x 軸前進，車速正好跟其中一個粒子速度的水平分量相同。如果我們以車上人士的觀點來看這個碰撞，看到的會是什麼呢？

我們會看到 1 號粒子在碰撞之前，直直的往上飛，因爲它在 x 軸上的分量剛好和車速一樣；而碰撞後它會垂直往下掉，因爲粒子在 x 軸上的分量仍然是零。也就是說，同一個碰撞從車上看起來成了圖 16-3(a) 所示的情況。

而 2 號粒子呢？因爲它在 x 軸上的方向跟車子的行進方向相反，所以從車上看來，它似乎以高速飛過來，角度也變小了。不過我們瞭解，碰撞前後的角度仍然是**一樣**的。假設我們以 u 代表 2 號粒子在水平方向的速度分量，而用 w 代表 1 號粒子的垂直速度。

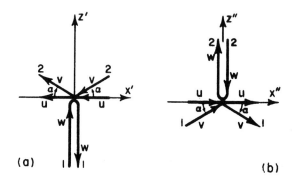

圖 16-3 從移動的車中看同一碰撞的兩幅圖示。

　　現在的問題是，2 號粒子垂直方向的速度（也就是 $u \tan \alpha$）究竟是多少呢？如果我們找出這項速度，就可以利用垂直方向的動量守恆律，得到動量的正確公式。很清楚的，動量在水平方向上的分量是守恆的：兩個粒子動量的水平分量各自在碰撞前後相同，而 1 號粒子動量的水平分量碰撞前後皆爲零。所以我們需要用到動量守恆律的部分，只是垂直向上的速度 $u \tan \alpha$。而我們只要把車子行進的方向反轉，就**能夠**得到向上的速度了！爲什麼呢？

　　請看圖 16-3 所畫的兩個情況，其中 (a) 是我們坐在一部車子裡，以速度 u 向右手方向（沿著 x 軸）前進所看到的情形，而 (b) 則是把座車調頭，以速度 u 向左手方向前進，所看到同一碰撞的情形。這回情況換了過來，成爲 2 號粒子直下直上，速率是 w，而 1 號粒子得到水平方向的速率 u。當然我們可以**知道** $u \tan \alpha$ 等於 $w\sqrt{1 - u^2/c^2}$（見(16.7)式）。另外我們知道直下直上粒子的動量改變等於

$$\Delta p = 2m_w w$$

（式子中的 2 是因爲它往下之後又往上的關係。）所以我們從以上知道，以速度 v 走斜線的粒子，其速度的水平分量爲 u，而垂直分量則爲 $w\sqrt{1 - u^2/c^2}$，其質量爲 m_v。這個粒子在**垂直**方向動量的改變應該是 $\Delta p' = 2m_v w \sqrt{1 - u^2/c^2}$，因爲根據我們先前的假設，即 (16.8)式，動量的分量，永遠等於那個速率下的質量乘以該速度在同一方向上的分量。而爲了滿足動量守恆，兩個粒子各自於垂直方向上的動量變化必須相等，所以速率爲 v 的質量與速率爲 w 的質量的比值必須是

$$\frac{m_w}{m_v} = \sqrt{1 - u^2/c^2} \tag{16.9}$$

我們現在來考慮 w 是無窮小的極限情形。如果 w 真的非常小，那麼 v 跟 u 實際上相等。在此情況下，m_w 趨近於 m_0，而 m_v 趨近於 m_u。我們就得到重要的結果

$$m_u = \frac{m_0}{\sqrt{1 - u^2/c^2}} \tag{16.10}$$

因為我們是取一個極限值的特例而得到(16.10)式，所以我們現在來做一個有趣的練習：假設(16.10)式是正確的質量公式，我們來檢驗一下對於任意大小的 w 而言，(16.9)式是否的確成立。

請注意，(16.9)式中的速度 v 可以從畢氏定理算出來：

$$v^2 = u^2 + w^2(1 - u^2/c^2)$$

由此我們可以檢驗出無論 w 為何，(16.9)式是正確的（儘管我們先前只取了 w 無窮小的極限）。

現在，我們接受了動量守恆，以及(16.10)式質量會隨著速度而變的事實之後，接下來我們要去看看，還有哪些別的結論也可以推演出來。我們來考慮那些一般稱為**非彈性碰撞**的例子。

為了簡化討論，我們假定碰撞的對象是兩個完全相同的物體，各以相等的速率 w 朝對方奔過去。碰撞之後就黏在一起，變成一個新而靜止不動的物體，如圖 16-4(a) 所示。我們知道在碰撞之前，由於它們皆以速率 w 在移動，所以這兩個物體的質量 m 各等於 $m_0/\sqrt{1-w^2/c^2}$。我們只要假設動量守恆以及相對性原理，就可以算出新形成物體的質量。想像有一極小的速度 u，與 w 相垂直，（我們也可以用大一些的 u，但是用極小的速度比較容易看得懂），然後我們搭乘一部以 $-u$ 速度（也就是向下）移動的電梯，從電梯中看這起碰撞事件，看到的情形就像圖 16-4(b) 所示。假設碰撞之後

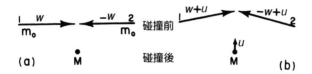

圖 16-4　質量相等的物體發生非彈性碰撞的兩種圖示

合併成的物體質量為 M。此時，物體 1 的運動不僅是沿著水平方向，而是有一個向上的速度分量 u，以及一個實質上跟 w 相等的水平速度分量。物體 2 的情形也是完全一樣。

碰撞發生之後，質量為 M 的物體還是以速度 u 往上移動，這個速度 u 比光速小很多，和 w 相比也很小。因為動量必須守恆，我們來估計碰撞前後向上的動量：碰撞前動量 p 約等於 $2m_w u$，碰撞後動量 $p' = M_u u$，但是我們前面曾假設 u 為極小，所以 M_u 實際上跟 M_0 沒有區別。由於動量守恆，所以 $p = p'$，因此

$$M_0 = 2m_w \tag{16.11}$$

因此**當兩個同樣的物體撞到一塊所形成的物體，質量一定得等於碰撞之前單獨物體質量的兩倍**。聽到這個結果，你可能馬上會說：「是啊，當然是這樣！這就是質量守恆。不是嗎？」

但是不要那麼輕易就說「是啊，當然……」你該想想**碰撞前那兩個物體的質量，由於具有速度而已經變大了**，並非它們原先靜止不動時的靜質量。而那些多出來的質量，也會一起加到新物體的質量中。換句話說，M 並不是剛好等於原來兩個物體靜質量之和，而是**多了些**出來。聽起來確實叫人吃驚，不過我們如果希望當兩個物體結合在一起之時，動量守恆也還依舊成立，那麼即使物體在碰

撞後就全靜止下來了，新形成物體的質量還是必須比原先物體的靜
質量和還來得大。

16-5   相對論性能量

我們在上一章證明了，由於質量與速度有關以及牛頓定律的緣
故，一個物體的動能會因一些力對它做功而改變，而此動能改變量
永遠等於

$$\Delta T = (m_u - m_0)c^2 = \frac{m_0 c^2}{\sqrt{1 - u^2/c^2}} - m_0 c^2 \qquad (16.12)$$

我們甚至進一步猜測物體的總能量就是它的總質量乘以 c^2。
現在讓我們接下來繼續談談這個問題。

假設那兩個質量相同的物體碰撞到一起之後，我們仍然可以在
M 裡面「看見」它們。譬如說，它們是一個質子跟一個中子，碰撞
到一起之後就「黏在一起」，但仍然在 M 裡面運動。在這樣的情
況，雖然我們最初以為質量 M 會等於 $2m_0$，但我們已發現它不是
$2m_0$，而是 $2m_w$。由於 $2m_w$ 是它們一開始的總能量，而 $2m_0$ 則是
在裡面物體的靜質量，所以組合粒子**多出來**的質量就等於合併時帶
進去的動能。

當然這個事實意味著，**能量也有慣性**。我們在上一章討論了氣
體加熱的現象，那時講過由於氣體分子在運動，而且運動中的東西
會變得比較重，因此當我們把能量加進氣體時，氣體分子會運動得
更快，因而變得比加熱以前重。

但事實上，我們的論證是完全適用於一般的情形，而且我們對
於非彈性碰撞的討論顯示，不管多出來的能量是否為**動**能的形式，

它的確代表了質量。換句話說，如果兩個粒子因靠攏而產生位能或其他形式的能量，或者如果原來快速移動的物體因為爬上位能丘、因為抵制內力而做功，或其他種種原因而慢下來的時候，它的質量仍然是全部放進去的能量。

由此我們瞭解到，以上所說的質量守恆，其實就是能量守恆。因此在相對論裡，嚴格說來並不存在非彈性碰撞，這和牛頓力學中的情形不一樣。根據牛頓力學，兩件同樣的東西可以撞在一起，而形成一個具有 $2m_0$ 質量的物體，而且它跟我們把同樣兩件東西慢慢放到一起所形成的物體，不會有什麼不同。當然牛頓力學裡面也提過能量守恆律，所以我們知道兩個東西碰撞到了一塊，裡邊應該是多了一些動能，但是根據牛頓定律，那並不影響它的質量。

但是我們現在知道這是不可能的事，由於碰撞牽涉到動能，因此最後的物體會比較**重**，所以它將會是**另**一種東西。如果我們把物體輕輕的放在一起，它們會形成質量為 $2m_0$ 的東西；但是當我們用力將它們撞在一起，它們就會形成另一種質量較大的東西。如果質量不一樣，我們就可以知道它們是不一樣的物體。由此看來，在相對論裡，能量守恆還必須伴隨著動量守恆才行。

這件事可以推演出一些有趣的結論來。譬如說，假設我們有一件物體，質量經測量知道為 M，然後假定發生了什麼事使它一分為二，成為兩塊相等的碎片，各以速率 w 飛開，如此一來，每一塊的質量就為 m_w。接著我們再假設這兩塊飛出去的碎片，一路上碰撞到許多物質，因而速率逐漸轉緩並終於停了下來。當它們停止時，質量當然是變成了 m_0。那麼在這段過程裡面，它們給了那些被它們碰撞過的物質，一共多少能量呢？

根據以上我們證明過的定理，每塊碎片釋放出來的能量等於 $(m_w - m_0)c^2$。這些能量留在被撞過的其他物質身上，以熱能、位能

等等形式存在。前面我們說過，$2m_w = M$，所以釋放出來的總能量 $E = (M - 2m_0)c^2$。

我們以前就是用這個方程式去估算原子彈內核分裂所釋放出來的能量（雖然在這個例子裡面，分裂開的兩塊碎片並不是剛好相等，但它們也幾乎是相等的）。鈾原子的質量老早就被人測定出來了，而它分裂之後所出現的原子，碘、氙等等的質量也都是已知的。此處所說的質量，當然不是指原子在運動時的質量，而是原子在**靜止**狀態下的質量。換句話說，M 跟 m_0 都是已知值，我們只需把它們一減，再乘以光速的平方，就得到 M 分裂成「兩半」時釋放的能量了。

而就是因為這樣子一點關聯，所有的報紙都稱呼可憐的老愛因斯坦為原子彈之「父」。當然，這種稱呼的意思是如果我們告訴愛因斯坦什麼是核分裂的過程，則他就可以事先算出反應所釋放的能量。一個鈾原子進行分裂時所應釋出的能量，在第一次直接試驗前約六個月，就已經給預估出來。而一旦能量實際釋放出來，有人就直接將它量出來（如果愛因斯坦的公式不成功，人們還是會把能量測出來），只要人們量出了能量，他們就不再需要這個公式了。當然我們不應該因為愛因斯坦實際上跟製造原子彈無關而小看了他，該批評的是那些報紙以及眾多對於物理史與技術史中什麼是因，什麼是果的報導。如何能夠把事情快速而有效率的完成，和事情背後的原理，完全是不相干的兩回事。

這個結果在化學上也是很重要的。譬如說，如果能夠去秤二氧化碳分子的重量，然後拿它的質量去跟碳與氧的質量比較，就應該可以計算出來當碳與氧結合成二氧化碳時，一共會有多少能量釋放出來。此處唯一的問題是反應前後質量差異非常小，技術上很難將它量出來。

現在讓我們談談，是否應該把 m_0c^2 和動能加在一起，而從今以後把物體的全部能量說成是 mc^2？首先，如果我們仍然能夠在 M 裡面**看**得見靜質量為 m_0 的各個組成片塊，那就可以說合併物的質量 M 裡面，有某部分是片塊本身的靜質量，另一部分是它們各自的動能，還有一部分是它們的位能。我們在自然界中發現了各種基本粒子，它們會進行類似上面討論過的反應，但即使集全世界的研究成果，我們**仍然無法看到這些粒子的成分**。例如當一個 K 介子衰變成兩個 π 介子時，可說是跟(16.11)式滿契合的，但是我們卻不能因此就以為 K 介子是由兩個 π 介子所構成的，因為它有時也會衰變成 3 個 π 介子！

因此我們就有了一個**新觀念**：我們不必知道裡面的組成片塊到底是些什麼，我們無法也無須去搞清楚粒子的哪一部分能量是屬於衰變後各個部分的靜能。要去把一件物體的全部能量劃分為裡面成分的靜能、它們各自的動能以及位能，不是很容易的事，而且常常是不可能的事。所以我們只談論粒子的**總能量**。

我們可以「移動能量的原點」，在原來的粒子能量上加入一個常數 m_0c^2，然後說一個粒子的全部能量，等於運動中的質量乘以 c^2，如果粒子靜止不動，能量就等於靜質量乘以 c^2。

最後，我們發現物體的速率 v、動量 P、跟全部能量 E 之間，有一個非常簡單的關係。物體的速率如果等於 v，則運動中的質量 m_v 等於靜質量 m_0 除以 $\sqrt{1-v^2/c^2}$。但其實這個關係式並不太常用，這點倒是頗令人驚訝。反而是下面的這兩個關係式，很容易證明，而且也非常有用：

$$E^2 - P^2c^2 = m_0^2c^4 \tag{16.13}$$

以及

$$Pc = Ev/c \qquad (16.14)$$

第17章 時 空

17-1 時空幾何學

17-2 時空間隔

17-3 過去、現在、未來

17-4 再談談四維向量

17-5 四維向量代數

17-1　時空幾何學

相對論告訴我們，兩個座標系所各自測量出來的位置與時間，它們的關係和我們憑直覺所預期的結果完全不一樣。我們必須徹底瞭解勞侖茲變換所意味的空間與時間的關係，這是非常重要的事。因此我們將在這一章更深入的討論這個議題。

如果有一位「站著不動」的觀察者，他所測量到某個事件發生的位置跟時間是(x, y, z, t)。而在一艘以速度 u「移動」的太空船裡面，另一位觀察者所量到同一事件的位置跟時間則是(x', y', z', t')。勞侖茲變換就是告訴我們這兩組座標之間的關係：

$$x' = \frac{x - ut}{\sqrt{1 - u^2/c^2}}$$
$$y' = y$$
$$z' = z \qquad\qquad (17.1)$$
$$t' = \frac{t - ux/c^2}{\sqrt{1 - u^2/c^2}}$$

讓我們拿這組方程式去跟(11.5)式比較。(11.5)式也是兩個座標系所測得座標之間的變換關係，只是那兩個座標系都是靜止不動的，不過兩者之間**旋轉**了一個角度：

$$x' = x \cos \theta + y \sin \theta$$
$$y' = y \cos \theta - x \sin \theta \qquad (17.2)$$
$$z' = z$$

在這個特殊例子裡，老莫所用的 x' 軸和老喬所用的 x 軸之間夾著一個 θ 角。無論是(17.1)式和(17.2)式，我們注意到變換後的量是變換

的量的「混合」：例如新的 x' 是 x 和 y 的混合，新的 y' 也是 x 和 y 的混合。

有一個類比很有用：當我們在看物體之時，我們會很明顯的看到可以稱之為「表象的寬度」以及「表象的深度」的兩種東西。但是寬度與深度這兩種概念，並不是該物體所具有的**基本**性質。因為如果我們朝旁邊移動幾步，換從另一個角度來看同一件物體時，所看到的寬度與深度就會跟剛才看到的不一樣。而且我們或許可以推敲出某些公式來，能讓我們從原來的寬與深以及旋轉角度計算出新的寬度與深度。

(17.2)式就是這樣的公式。可以這麼說，任何情況下我們看到的深度，都是另一個情況下的寬度與深度的混合。如果大家都固定不動，永遠只能從同一個位置、同一個角度去觀測該物體時，那麼前面所說的變換公式，便失去了意義。在那樣的情況下，我們會永遠看到「真的」寬度跟「真的」深度，而且它們看起來會是相當不一樣的東西，因為一個看起來是視角，另一個則和眼睛聚焦或甚至和直覺相關。這兩者絕不會混合起來。但是由於我們能夠走動，所以我們才**能體**會到深度與寬度只是同一件東西的兩個面向而已。

我們現在要問是不是也可以用同樣的方式來看待勞侖茲變換？這兒我們同樣有一種混合，只不過混合在一起的是位置跟時間。如果有人測量出了兩事件在空間上的距離與在時間上的差距，那麼另一個人所量到的空間距離就會和前者不同。換句話說，在一位觀察者所測量到的空間數據裡面，就另一位**觀察**者而言，會混合進了一些時間數據。

上面提過的類比令我們有了一個新想法：我們所**觀測**的物體，其「真實情況」不知怎麼的要比其「寬度」與「深度」來得更大（粗略、直覺的講），因為**它們**取決於我們**如何**去看這個物體。當我

們移動到一個新的位置，我們的腦子能馬上重新計算其寬度與深度。但是當我們以高速運動時，我們的腦子卻不能夠立即重新算出位置座標與時間。原因在於我們沒有以近乎光速前進的實際經驗，所以我們無法理解時間與空間有相同本質。這種情形就有點像是我們的位置被限定住了，以致於只能看到某個東西的寬度，而且我們不能大幅度的將頭轉來轉去，所以看不到東西的「背面」。不過我們現在已經瞭解，如果我們可以高速前進的話，我們可以看到其他人的時間，就好比可以看到一點點他們的「背面」那樣。

　　所以我們應該試著將物體想成是位於一種新世界中，其中空間與時間混在一起，就好像我們日常空間世界中真實的物體那樣，而我們可以從不同的方向去看那個物體。因此我們將把占據一處空間並維持一段時間的物體，看成是占據了新世界中的一「小塊」區域，而且當我們以不同速度運動時，我們可以從不同的觀點去看這一「小塊」時空區域。

　　這樣的新世界，這樣的幾何概念，其中可以存在著占據空間又維持一段時間的「小塊」，這種世界我們就稱之為**時空**（space-time）。在時空中的一個點(x, y, z, t)，我們稱它為一個**事件**（event）。假設我們沿水平方向畫一根x軸，垂直方向畫一根t軸。那麼y與z這另兩個方向就互相「垂直」，而且兩者也都「垂直」於紙面（！）。那麼在這樣子的圖裡面，一個運動的粒子看起來會是什麼模樣呢？

　　如果這個粒子靜止不動，則它自始就有某個特定的x，而且隨著時間的變化，它仍會維持著同樣的x。那麼這個粒子的「路徑」，是一條跟t軸平行的直線（見圖 17-1(a)）。但如果這個粒子是在往外移動的話，x就會隨著時間而增加（見圖 17-1(b)）。如果粒子一開始是快速向外移，之後速率漸漸放慢，那麼它的路徑就會像

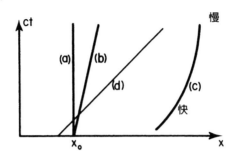

圖 17-1 時空中三個粒子的軌跡：(a) 第一個粒子停留在 x_0 處不動。(b)
第二個粒子從 x_0 位置開始，以固定速率移動。(c) 第三個粒子以
高速率開始移動，但隨後速率逐漸轉緩。

圖 17-1(c) 所示。換句話說，在時空圖裡，一個不會衰變的粒子是
由一條線所代表。而一個衰變的粒子是由一條分岔的線所代表，因
為這個粒子在分岔點會變成兩個其他的東西。

那麼光在這個時空圖裡該怎麼表示呢？光以一定速率 c 行進，
因而是由一條斜率固定的直線來代表（見圖 17-1(d)）。

根據我們的新觀念，如果一個粒子發生了某事件，譬如說，在
某一時空點突然衰變成兩個新粒子，各朝新的方向飛出去。而此一
有趣的事件在某一個時空座標系內，是在某 x 值跟某 t 值的時空點
上發生的。那麼當我們來到另一個時空座標系時，是否也跟旋轉變
換同樣，只需把 x 跟 t 軸像次頁圖 17-2(a) 所畫的那樣轉一個角
度，就可以得到新座標系中新的 x 跟 t 值了？

答案是否定的，因為(17.1)式和(17.2)式並不是**完全**相同的數學
變換公式。譬如說，兩個方程式中的正負號不完全一樣，而且
(17.2)式是以 $\cos \theta$ 跟 $\sin \theta$ 來表示，而(17.1)式是以一般代數值的形
式來表示。（當然，並非一切代數值都不能用餘弦與正弦來表示，

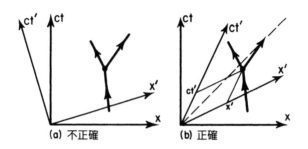

圖 17-2　兩種看待衰變粒子的方式

但在這個例子裡，這是做不到的事。）

　　但即使有這些差異，這兩個式子**仍然**非常類似。我們以後就會瞭解，由於正負號上的差異，我們不能把時空想成是**真實**的一般幾何。事實上（雖然我們將不會強調這一點），運動中的人所使用的座標軸，會以相同的角度向光束軌跡傾斜，而且使用一種平行於 x' 軸與 t' 軸的特殊投影方式來得到其 x' 值與 t' 值，如圖 17-2(b) 所示。

　　我們將不會使用這種幾何，因為它的用處不大，直接使用方程式會比較容易一些。

17-2　時空間隔

　　雖然時空的幾何並不是一般意義下的歐氏幾何，但是的確**存在**著某種幾何，和歐氏幾何非常類似，只是這種幾何有些奇特之處。如果我們用幾何來看待時空的想法沒錯，那麼就應該存在著某一些位置及時間的函數，它們的函數值與座標系並不相干。

　　比方說，在普通的旋轉之下，如果我們任取兩個點。為了簡化

起見，其中一點就取座標系的原點，而另外一點在別的地方。假設
兩個座標系的原點相同，由於原點到另一點的距離在兩座標中都相
同，所以兩點的距離平方 $x^2 + y^2 + z^2$ 這個值是不會隨座標而改變
的。距離是獨立於座標系的一種性質。那麼時空又是如何呢？我們
不難證明在這裡也有一種組合，也就是 $c^2t^2 - x^2 - y^2 - z^2$ 這個值，
它在勞侖茲變換前後仍然是相同的值：

$$c^2t'^2 - x'^2 - y'^2 - z'^2 = c^2t^2 - x^2 - y^2 - z^2 \quad (17.3)$$

因此這個量就跟距離有點相似，在某個意義之下是「真實」的。我
們把它叫做時空中兩點之**間隔**（interval）。在這個例子中，兩時空
點之一是原點。（當然，事實上(17.3)式是間隔平方，就好像 $x^2 +$
$y^2 + z^2$ 是距離平方。）我們不再援用「距離」這名稱，而給了它一
個不同的稱呼：「間隔」，因為時空的幾何不是歐氏幾何，但是有
趣的地方在於兩者的區別僅在於某些正負號反轉了過來，還有就是
多出來一個光速 c。

　　現在讓我們想法子把 c 給去除掉，如果我們想要能夠任意的交
換空間中的 x 與 y，有個 c 是很不方便的事。我們如果沒有經驗，
可能會引出一些困擾，那就是，譬如說，以目光的夾角來測量東西
的寬度，卻以另一種方式來測量深度，譬如說以眼睛聚焦時肌肉之
張力大小來測量，因為測量的方式不一樣，所以測量單位就會不一
致，就好像用英尺來測量深度，而用公尺來測量寬度。這會使得我
們在使用如(17.2)式的座標變換時，得處理非常複雜的方程式。

　　既然我們已經從(17.1)式與(17.3)式知道了時間與空間是相等
的，也就是時間能夠變成空間，空間也能夠變成時間，那麼我們就
應該**用同樣的單位來測量時間與空間**。基於這個觀念，那麼一「秒」
的距離該是多少呢？我們很容易從(17.3)式算出，它就等於 3×10^8

公尺，也就是**光在一秒鐘內所走的距離**。換句話說，如果我們以秒為單位，來測量所有的時間跟距離，那麼一單位的距離就是 3×10^8 公尺

另外一種以相同單位來測量時間與空間的方法是以「公尺」來測量時間。那麼什麼是一公尺的時間？它就是光走一公尺所需要的時間，也就是 $\frac{1}{3} \times 10^{-8}$ 秒，或者說是一秒的 33 億分之一！換句話說，我們想要使用一種單位系統，其中的 $c = 1$。如果時間與空間都是以同樣的單位來測量，則方程式就會明顯的簡化很多：

$$x' = \frac{x - ut}{\sqrt{1 - u^2}}$$
$$y' = y$$
$$z' = z \tag{17.4}$$
$$t' = \frac{t - ux}{\sqrt{1 - u^2}}$$

$$t'^2 - x'^2 - y'^2 - z'^2 = t^2 - x^2 - y^2 - z^2 \tag{17.5}$$

如果我們感覺到不確定或甚至「害怕」經過如此簡化之後，我們就再也得不回正確的方程式。那麼這層顧慮是多餘的，事實上，沒有 c 的方程式比較容易記憶，而且我們只要注意單位，就很容易把 c 放回去。譬如拿 $\sqrt{1-u^2}$ 一項來說，我們知道 1 是個純數字，無法減掉一個速度的平方，因為速度是個有單位的量，所以我們必須讓 u^2 除以 c^2，才能夠去掉它所帶著的單位。而那樣做就正好是把 c 擺回去的方式。

時空與普通空間的差異，以及時空中的間隔與空間中的距離兩者性質之關係，都是非常有趣的問題。根據(17.5)式，假如我們考慮在某一座標系中的一點，它的時間為零，只有空間值不為零，那

麼依照時空間隔的定義，這點的間隔平方就成了負數，而負數的平方根是虛數，因此這間隔就為虛數。時空間隔在理論上，可以是實數，也可以是虛數。時空間隔的平方可以是正值或是負值，這和距離不一樣，距離的平方永遠是正數。

當兩點之間的間隔是虛數時，我們說這兩點之間有個**類空間隔**（spacelike interval），而不說它是虛數間隔，因為這時間隔的性質比較像空間，而比較不像時間。另一方面，如果有兩事件在某一座標系中有相同的空間座標，但是兩者的時間不相同，那麼時間的平方是正數，距離為零，因此間隔平方就是正值。我們稱這樣的間隔為**類時間隔**（timelike interval）。

所以，在我們的時空圖裡，有以下的情況：在座標軸之間的45°處，有兩條斜線〔實際上在四維時空裡，它們所代表的其實是「錐面」，我們稱之為光錐（light cone）〕。這兩條斜線上，所有的點與原點之間的時空間隔都等於零。當光從某一點發射出來，光與那一點的時空間隔永遠為零，這點我們從(17.5)式可以看得出來。

由以上的說明，我們還附帶證明了一件事，那就是如果光在一個座標系內以速度 c 行進，從另一個座標系來看，它仍然會是以速度 c 在行進。也就是說，如果時空間隔在一座標系中為零，它在另一座標系中也是為零，因為間隔在兩座標系中的值是相同的。因此當我們說光速是一不變值，就等於說時空間隔等於零。

17-3 過去、現在、未來

如次頁的圖 17-3 所示，某一時空點附近的時空區域，可分成三個區域。其中一個區域（區域 1）裡的點，與這個特定的時空點之間有類空間隔，而另外兩個區域（區域 2、3）裡的點則與此時

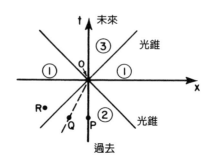

圖 17-3　原點周圍的時空區域

空點有類時間隔。

　　物理上，某一事件附近這三個時空區域中的點與此一事件的時空點有著有趣的關係：來自區域 2 中的點的物體或者是訊號，能夠以小於光速的速度抵達事件 O。因此區域 2 中的事件可以影響時空點 O，也就是可以從過去影響 O。當然，事實上，在負 t 軸上一點 P 上的物體正好是在 O 的「過去」的時空點上；我們也可以說它跟 O 點是相同的空間點，只不過其中 P 點在時間上早了一些，因此 P 點所發生的事件會影響現在的 O。（不幸的是，人生就是這樣。）

　　另外位於 Q 點的物體，能以小於 c 的速率到達 O 點，所以如果這物體是位在一艘太空船內運動，那它一定也是同一時空點 O 的過去。換句話說，在另一個座標系裡，它的時間軸可能正好穿過 O 與 Q 兩個點。

　　所以我們區域 2 中的所有點，都是在 O 點的「過去」裡，在此區域中所發生的任何事情，都**能**影響現在的 O 點。因此，區域 2 有時叫做**有影響的過去**（affective past），它是所有能夠影響 O 點的

事件總集合。

反之，區域 3 這一區域是我們能夠**從 O 去影響**的區域；我們可以從 O 以比 c 小的速率射出「子彈」去「打中」東西。所以區域 3 中的任何一點，都可以受到我們的影響，因而我們稱它為**能影響的未來**（affective future）。

現在有趣的是，其他的時空區域，亦即區域 1 ，是我們不能從 O 去影響的區域，而現在位於 O 的我們也不會受到區域 1 的影響，因為沒有東西可以跑得比光還快。

當然圖中 R 點所發生的事，雖然無法影響我們的現在，但還是**能影響到我們的未來**。比方說，如果太陽在「此刻」爆炸了，我們得等上八分鐘之後，才會知道發生了什麼事，在那之前，它不可能對我們產生任何影響。

我們剛才所提到的「此刻」，是一個非常神祕的玩意兒，我們既不能定義它，也不能影響它，但是它卻能影響未來的我們。如果我們想影響「此刻」，就得在足夠久之前做了一些事。

有個例子是當我們注視半人馬座 α 星（Alpha Centauri），所看到的是它四年前的情形。我們或許會好奇，它「此刻」是個什麼樣子。此處所謂的「此刻」是根據我們這個座標系的時間軸來判斷的，我們只能從四年以前半人馬座 α 星發射的光中去看到它，但是我們並不知道它「此刻」正在發生的情況；我們得要到四年後才會知道它在「此刻」所發生的事。「此刻」的半人馬座僅是我們腦中的一個概念而已，它現在並非是個有物理意義的東西，因為我們必須等一會才能觀察到它，我們「現在」甚至無法定義它。

除此之外，這個「此刻」還會隨著所用的座標系而異。譬如，如果半人馬座 α 星正在移動的話，在那兒的觀察者的「此刻」就會**不同於**我們的「此刻」，因為他的時間軸和我們的時間軸並不是平

行的，而是夾了一個角度，所以他的「此刻」會是在**另一個**時間。我們之前已經討論過，同時性這一概念並不單純：在一個座標系內，地分兩處卻仍同時發生的事件，對於另一位在移動的觀察者而言，不見得仍然同時。

有一些算命家宣稱他們能預知未來，而且我們也經常聽到一些了不起的故事，說某某人突然發現他自己能夠知道關於「能影響的未來」的事。不過這種說法本身就充滿了矛盾，因為如果我們知道未來將會發生什麼事，那麼我們就能夠在適當的時間，採用適當的手段去避免這件事。

事實上，我們從以上的討論得知，不要說能知道將來的事情，即使事情**現在**正在發生，但稍微跟我們有些距離的話，任何人，包括所有算命先生在內，都不可能知曉，因為那是觀察不到的。我們或許會問以下的問題：如果我們忽然能夠知道區域 1 中所發生的事，是否會出現什麼樣的矛盾？請同學自己想想看，答案應該如何。

17-4　再談談四維向量

現在我們回頭，繼續討論勞侖茲變換與空間座標軸旋轉的類比。我們已經學會了把其他一些量集合在一起的用處，這些量的變換性質和座標一樣，我們稱這些量為**向量**，也就是有方向性的線段。

在尋常的旋轉之下，有很多量的變換方式，和 x、y、z 在旋轉之下的變換是相同的。比方說速度有三個分量，x 分量、y 分量、z 分量，當我們改以另一個座標系來量測，沒有任何分量會維持不變，它們全部變換成新值。雖然如此，不知怎麼的，速度「本

身」確實比其任意分量都還要更為真實，所以我們用有方向性的線段來代表速度。

接下來我們要問：是否真的有一些量，它們在運動座標系與靜止座標系之間的變換關係，和 x、y、z、t 的變換關係是一樣的？從使用向量的經驗裡，我們知道這些量的前三個分量，會和 x、y、z 一樣，構成某個普通空間向量的三個分量；至於第四個分量，它在空間旋轉之下，會看起來像是純量，因為只要不變換到另一個正在運動的座標系，這第四個分量就不會改變。如果是這樣，那麼是不是可以在某些已知的「三維向量」之上，再加上第四個分量，我們稱此分量為「時間分量」，使得如此構成的物體，其四個分量的變換方式，會和時空中的位置分量與時間分量的「旋轉」方式一樣？

我們現在就要證明，確實至少有這麼一個例子（事實上，同樣的情形還很多），那就是：**動量的三個分量，加上能量做為第四個分量，也就是把能量當成時間分量**，這樣一組東西合起來會構成一個所謂的「四維向量」，這些量在座標變換之下，**會一起跟著變**。在證明這個說法的演算裡，如果要把 c 全部明確的寫出來是很不方便的事，所以我們可以利用以前在(17.4)式中用過的招數，選用適當的能量、質量以及動量的單位，使得 $c = 1$，那麼方程式寫起來就比較簡單。

例如，能量與質量之間，原先不過只差一個 c^2，如此一來，由於 c 等於 1，我們可以宣稱：能量**就是**質量，寫成 $E = m$。當然，如果有必要，我們可以等演算到最後一個方程式時，才把省掉的 c 加回去，但中間步驟就無此必要了。

因此，我們的能量方程式及動量方程式可寫成

$$E = m = m_0/\sqrt{1 - v^2}$$
$$\mathbf{p} = m\mathbf{v} = m_0\mathbf{v}/\sqrt{1 - v^2} \tag{17.6}$$

而且在這種 $c = 1$ 的單位下，我們會得到

$$E^2 - p^2 = m_0^2 \tag{17.7}$$

譬如說，如果我們是以電子伏特（eV）做為能量單位，那麼 1 電子伏特的質量所指的又是什麼呢？它所指的是靜能等於 1 電子伏特的質量，也就是說 $m_0 c^2$ 等於 1 電子伏特。譬如：一個電子的靜質量等於 0.511×10^6 eV。

好了，現在我們得瞧瞧在新的座標系中，動量跟能量是什麼樣子？為了解決這個問題，我們必須變換(17.6)式，這個步驟應該沒有問題，因為我們知道速度是如何變換的。假設在我們測量時，有件物體在移動，速度為 v，但我們若是從一艘速度為 u 的太空船上觀測同一物體的話，我們所看到的速度是 v'。凡是我們原先在靜止座標系裡測量到的物理量，變換到太空船座標系之後，都一律在符號右上角加一撇。

為了簡化事情，我們先討論 v 與 u 方向一致的特例，以後再考慮一般的情形。那麼在太空船上看到的 v' 是多少呢？它是 v 與 u 的一種合成速度，也就是兩者之「差」。根據我們之前已經推導過的(16.6)式，v' 等於：

$$v' = \frac{v - u}{1 - uv} \tag{17.8}$$

接下來我們計算太空船上觀測到的新能量 E'。太空船上的觀測員用的靜質量，當然得跟我們用的相同，但是他用的速度是 v'。我們需要做的就是取 v' 的平方，然後用 1 減去得到的平方值，再取

平方根，最後取倒數：

$$v'^2 = \frac{v^2 - 2uv + u^2}{1 - 2uv + u^2v^2}$$

$$1 - v'^2 = \frac{1 - 2uv + u^2v^2 - v^2 + 2uv - u^2}{1 - 2uv + u^2v^2}$$

$$= \frac{1 - v^2 - u^2 + u^2v^2}{1 - 2uv + u^2v^2}$$

$$= \frac{(1 - v^2)(1 - u^2)}{(1 - uv)^2}$$

得到的就是

$$\frac{1}{\sqrt{1 - v'^2}} = \frac{1 - uv}{\sqrt{1 - v^2}\,\sqrt{1 - u^2}} \qquad (17.9)$$

　　而能量 E' 就等於 m_0 乘以(17.9)式。但是我們得記住，所要的答案必須以原來沒加一撇的能量與動量來表示才行。我們注意到

$$E' = \frac{m_0 - m_0 uv}{\sqrt{1 - v^2}\,\sqrt{1 - u^2}} = \frac{(m_0/\sqrt{1 - v^2}) - (m_0 v/\sqrt{1 - v^2})\,u}{\sqrt{1 - u^2}}$$

也就是

$$E' = \frac{E - up_x}{\sqrt{1 - u^2}} \qquad (17.10)$$

這個式子的形式，完完全全跟勞侖茲變換中的這一個式子相同：

$$t' = \frac{t - ux}{\sqrt{1 - u^2}}$$

接著我們得找出新的動量 p'_x。它等於能量 E' 乘以速度 v'，但我們得用 E 與 p 來表示：

$$p'_x = E'v' = \frac{m_0(1 - uv)}{\sqrt{1 - v^2}\,\sqrt{1 - u^2}} \cdot \frac{v - u}{(1 - uv)} = \frac{m_0 v - m_0 u}{\sqrt{1 - v^2}\,\sqrt{1 - u^2}}$$

因此

$$p'_x = \frac{p_x - uE}{\sqrt{1 - u^2}} \qquad (17.11)$$

我們看得出來，這個式子的形式和以下的式子相同：

$$x' = \frac{x - ut}{\sqrt{1 - u^2}}$$

所以新的能量與動量若以舊的能量與動量來表示，其間的變換關係，跟以 t 與 x 來表示 t'、以 x 與 t 來表示 x' 的變換公式一樣：我們只需要將(17.4)式中的 t 都改成 E，x 都改成 p_x，得到的就是(17.10)式及(17.11)式。

這意味著，如果一切都沒出錯，則我們應會得到另兩個變換規律：$p'_y = p_y$，$p'_z = p_z$

為了證明這兩個式子，我們需要回頭研究上下運動的情形。事實上，我們已在上一章研究過上下運動的情況。我們分析過一個滿複雜的碰撞，我們已注意到，事實上，從運動座標系來看，垂直動量是不會改變的，所以我們其實已經證明了 $p'_y = p_y$ 及 $p'_z = p_z$。

於是完整的變換公式就是

$$p'_x = \frac{p_x - uE}{\sqrt{1 - u^2}}$$

$$p'_y = p_y$$

$$p'_z = p_z \qquad\qquad (17.12)$$

$$E' = \frac{E - up_x}{\sqrt{1 - u^2}}$$

　　在這組**變換**公式裡，我們發現了四個量在不同座標系之間的**變換**方式與 x、y、z、t 完全一樣，因而我們稱之為**四維向量動量**（four-vector momentum）。由於動量是一個四維向量，我們可以在一個運動粒子的時空圖中，順著它運動路徑的切線方向，畫一個「箭頭」來表示該粒子的動量，如圖 17-4 所示。這條箭頭的時間分量就等於它的能量，而箭頭的三個空間分量所代表的，就是它的三維向量動量。

　　所以這箭頭比起單獨的能量或動量來，更為「真實」。因為能量與動量，不過是這同一箭頭在四根座標軸上的投影罷了。所以這些分量會取決於我們所用的座標系，也就是取決於我們如何來看圖 (17-4)。

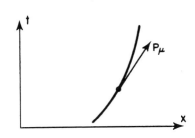

圖 17-4　一個粒子的四維向量動量

17-5　四維向量代數

　　用來表示四維向量的符號，跟表示三維向量的符號有些不同。我們在第 11 章就已經說過，在三維向量的情況，一般用粗體字符號來表示向量。例如一般的三維向量動量，會寫成 **p**。如果我們希望表示得更具體一些，就會明說它有三個分量，以 x、y、z 軸來說，這三個分量就是 p_x、p_y、p_z。所以，我們可以指說某個分量為 p_i，並說 i 可以代表 x、y、z。我們用來描述四維向量的記號也和此類似：我們以 p_μ 來表示四維向量，其中 μ 代表 t、x、y、z 四個可能的方向。

　　當然，我們可以選用任何我們喜歡的記號。好好用腦筋去創造記號，因為它們非常重要，好的記號是非常有威力的。

　　事實上，就某個角度來說，大半的數學只是在發明更好的記號而已。整個四維向量的觀念，基本上就是一個改善記號的絕佳例子，目的是讓變換關係比較容易記憶。於是 A_μ 代表一個一般的四維向量，但是對於動量這個特例來說，p_t 代表能量，而 p_x 是 x 方向上的動量，p_y 跟 p_z 也就是該動量分別在 y 與 z 方向上的分量。在求取兩個四維向量之和時，我們得分別把同方向上的兩個分量相加。

　　如果某個方程式等號兩邊均為四維向量，那麼這代表對於**每個分量**而言，等式皆成立。比方說，在粒子碰撞的情況下，如果說三維向量動量必須遵循動量守恆律，也就是說，一大堆聚集在一起交互作用或碰撞的粒子，其中所有粒子的動量總和會是一個定值，那麼這代表如果我們把所有在 x 方向上、在 y 方向上、在 z 方向上的動量分量各自加起來，這些動量分量和也必然是定值。

　　不過在相對論裡，這一個動量守恆律是不能成立的，因爲它並**不完備**。我們如果在四維時空中只考慮了三維動量，就好像只考慮三維向量中的兩個分量而已，這麼做是不完整的，因爲在旋轉之下，各個分量會混在一起，所以我們必須把三個分量全包括在我們的定律之內。

　　因此在相對論裡面，我們必須把原來的三維向量動量守恆律，擴充成爲四維向量動量守恆律，亦即給它加上一個**時間**分量守恆律。我們如果想保有相對論性不變性（relativistic invariance），就**一定要**加上這第四個分量的守恆律。能量守恆律正是這第四個守恆律，它配合上動量守恆律，就成爲空間與時間幾何中一個正確的四維向量關係。所以，能量與動量守恆律以四維空間記號來寫，就成爲

$$\sum_{\text{粒子進}} p_\mu = \sum_{\text{粒子出}} p_\mu \tag{17.13}$$

或者，以稍微不同的記號來寫就成爲

$$\sum_i p_{i\mu} = \sum_j p_{j\mu} \tag{17.14}$$

式子中，$i = 1, 2, \ldots\ldots$ 代表碰撞前的粒子，$j = 1, 2, \ldots\ldots$ 代表碰撞後的粒子，而 $\mu = x$、y、z 或 t。或許你會問：「我們用的是哪個座標系呢？」答案是守恆律其實與座標系毫無干係，也就是無論我們用的是什麼座標系，每個分量都遵循守恆律。

　　在討論向量分析的時候，我們還談過另一件事，就是兩個向量的內積，現在讓我們看看這內積在時空中究竟是怎麼回事。在普通的座標旋轉之後，我們發現有個量不變，那就是 $x^2 + y^2 + z^2$。在四維時空座標裡，跟它對應的那個不變量則是 $t^2 - x^2 - y^2 - z^2$（見 (17.3)式）。那麼我們如何來表示這件事呢？有個辦法是畫一個四方

的框框，中間加上一個方點，就好像 $A_\mu \boxdot B_\mu$。另一個實際為人所用的記號是

$$\sum_\mu{}' A_\mu A_\mu = A_t^2 - A_x^2 - A_y^2 - A_z^2 \qquad (17.15)$$

上式中 Σ 右上角加了一撇，所代表的意思是第一項，也就是「時間」項是正的，其餘三項都跟在負號後面。前面說過，這個量完全不受座標變換的影響，我們可以把它叫做四維向量長度的平方。

那麼，單一個粒子的四維向量動量之長度平方，究竟是多少呢？我們知道它等於 $p_t^2 - p_x^2 - p_y^2 - p_z^2$，換句話說，它就是 $E^2 - p^2$。那麼 $E^2 - p^2$ 又是多少呢？既然它不受座標系變換的影響，如果我們用的座標系是跟著這個粒子一塊跑的話，它的值當然也同樣不變。而在這個座標系中，粒子是靜止不動的。如果粒子靜止不動，它就沒有動量，所以在此座標系中，粒子的能量等於它的靜質量，所以 $E^2 - p^2 = m_0^2$。也就是說，任何物體的四維向量動量之長度平方，等於該物體的 m_0^2。

從上面的向量平方，我們可以依樣畫葫蘆，定義出一種「內積」，此乘積是一個純量：如果 a_μ 是一個四維向量，b_μ 是另一個四維向量，則它們之間的純量積就是

$$\sum{}' a_\mu b_\mu = a_t b_t - a_x b_x - a_y b_y - a_z b_z \qquad (17.16)$$

這個量在任何座標系中維持不變。

最後我們要來談一談靜質量為零的東西，譬如說光子。光子本身像是一種粒子，因為它帶有能量與動量。光子的能量等於某個稱為普朗克常數的定值乘上光子的頻率：$E = h\nu$，而光子的動量等於普朗克常數除以波長：$p = h/\lambda$（此公式對其他任何粒子均適用）。

不過，光子性質較特殊，它的頻率跟波長之間有個明確的關係：$v = c/\lambda$。（每秒的波動次數，乘上波長，就是光在一秒鐘內所行進的距離，當然也就是光速 c。）因此我們馬上可以看出來，光子的能量必須等於動量乘以 c。

在 $c = 1$ 的單位中，**光子的能量與動量剛好相等**。既然靜質量的平方等於能量平方減去動量平方，那麼光子的質量便等於零。這倒是很奇怪的結果。如果一個靜質量等於零的粒子停了下來，會發生什麼事呢？事實上**它永遠不會停下來**，永遠是以光速在運動！

平常的能量公式是 $m_v = m_0/\sqrt{1-v^2}$。我們若把這方程式運用到光子身上，由於 $m_0 = 0$ 及 $v = 1$，是否我們可以說光子的能量也是零呢？我們**不能**說它是零，光子雖然完全沒有靜質量，但它實質上能夠（也的確是）具有能量，它不停的以光速運動而帶有能量！

我們還知道任何粒子的動量等於該粒子的能量乘上它的速度：在 $c = 1$ 的單位中，$p = vE$；在一般的單位中，$p = \dfrac{vE}{c^2}$。對於以光速運動的任何粒子而言，在 $c = 1$ 之下，$p = E$。

(17.12)式可以告訴我們，從一個移動的座標系來看，光子的能量究竟是什麼，只是我們必須讓(17.12)式中的動量等於能量乘以 c（即乘以 1）。由於在座標變換之後，能量改變了，這表示光子的頻率也改變了。這就稱為「都卜勒效應」，我們只要利用 $E = p$ 與 $E = hv$，就很容易可以從(17.12)式算出頻率的變化。

正如數學家閔考斯基（H. Minkowski）所說的：「空間本身，以及時間本身，都將淪為僅是影子而已，只有某種空間與時間的結合能夠生存下去。」

The Feynman 閱讀筆記

閱 讀 筆 記

The Feynman 閱讀筆記

閱讀筆記

The Feynman 閱讀筆記

閱 讀 筆 記

The *Feynman* 閱讀筆記

國家圖書館出版品預行編目資料

費曼物理學講義 . I, 力學、輻射與熱 . 2 : 力學 / 費曼 (Richard P. Feynman), 雷頓 (Robert B. Leighton), 山德士 (Matthew Sands) 著 ; 師明睿譯 . -- 第二版 . -- 臺北市 : 遠見天下文化, 2018.04
面 ; 公分 . --（知識的世界 ; 1217）
譯自 : The Feynman lectures on physics, new millennium ed., volume I
ISBN 978-986-479-425-6（平裝）

1. 物理學 2. 力學

330   107005784

知識的世界 1217

費曼物理學講義 I——力學、輻射與熱
(2) 力學

原　　著／費曼、雷頓、山德士
譯　　者／師明睿
審 訂 者／高涌泉
顧 問 群／林和、牟中原、李國偉、周成功

總編輯／吳佩穎
編輯顧問／林榮崧
責任編輯／徐仕美、林文珠　特約校對／楊樹基
美術編輯暨 面設計／江儀玲

出 版 者／遠見天下文化出版股份有限公司
創 辦 人／高希均、王力行
遠見・天下文化 事業群榮譽董事長／高希均
遠見・天下文化 事業群董事長／王力行
天下文化社長／林天來
國際事務開發部兼版權中心總監／潘欣
法律顧問／理律法律事務所陳長文律師　著作權顧問／魏啟翔律師
社　　址／台北市 104 松江路 93 巷 1 號 2 樓
讀者服務專線／（02）2662-0012　　傳真／（02）2662-0007；2662-0009
電子信箱／cwpc@cwgv.com.tw
直接郵撥帳號／1326703-6 號 遠見天下文化出版股份有限公司

電腦排版／東豪印刷事業有限公司
製 版 廠／東豪印刷事業有限公司
印 刷 廠／中原造像股份有限公司
裝 訂 廠／中原造像股份有限公司
登 記 證／局版台業字第 2517 號
總 經 銷／大和書報圖書股份有限公司　電話／（02）8990-2588
出版日期／2007 年 03 月 08 日第一版第 1 次印行
　　　　　2023 年 11 月 10 日第二版第 6 次印行

定　　價／400 元
原著書名／THE FEYNMAN LECTURES ON PHYSICS : The New Millennium Edition, Volume I
by Richard P. Feynman, Robert B. Leighton and Matthew Sands
Copyright © 1965, 2006, 2010 by California Institute of Technology,
Michael A. Gottlieb, and Rudolf Pfeiffer
Complex Chinese translation copyright © 2007, 2013, 2016, 2017, 2018 by Commonwealth
Publishing Co., Ltd., a member of Commonwealth Publishing Group
Published by arrangement with Basic Books, a member of Perseus Books Group
through Bardon-Chinese Media Agency
博達著作權代理有限公司
ALL RIGHTS RESERVED

ISBN:978-986-479-425-6（英文版 ISBN: 978-0-465-02493-3）

書號：BBW1217

天下文化官網　bookzone.cwgv.com.tw

※ 本書如有缺頁、破損、裝訂錯誤，請寄回本公司調換。